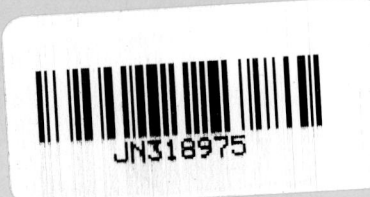

世界の美しい 透明な 生き物

Transparent Creature

愛蔵
ポケット版

X-Knowledge

CONTENTS

花びらが
ガラスになる
一《ひと》瞬《とき》を探せ

petal & mushroom

花は透明にはなれないけれど、透明な“ひととき”を過ごす花たちがいます。
水滴を吸って、しっとりと輝く瞬間——触れると壊れてしまいそうなガラスの花びらに変身するのです。

サンカヨウ

Diphylleia grayi

メギ科サンカヨウ属

山に遅い春が訪れ、雪が溶け始める頃に、サンカヨウは太い茎を伸ばし、大きな葉を2枚広げるのと同時に白い花を咲かせます。花期は5～7月頃で、高さは30～50cmになります。登山者の眼を楽しませ、疲れを癒してくれる清楚で可憐な白い花は一見普通の花ですが、ある秘密があります。サンカヨウの白い花は朝露や雨に濡れると…なんと、花びらが透《す》けるのです。透明になった花びらは、乾燥してくると再び白く不透明に戻ります。晴れの日は白く可憐な花、雨の日は美しい透明な花。サンカヨウは2つの顔を持つ不思議で魅力的な花なのです。（写真2点共通）

ギンリョウソウ

Monotropastrum humile

ツツジ科ギンリョウソウ属

ギンリョウソウ（銀竜草）は春から初夏にかけて薄暗い林に、にょきにょき生えてくる高さ10～20cmの白く半透明な植物です。一見、きのこ（菌類）のように見えます。薄暗い雑木林の中で頭をもたげる白い姿が、見ようによっては不気味に見えるのか、ユウレイタケの別名もありますが、中国では「水《すい》晶《しょう》蘭《らん》」と美しい名称で呼ばれています。ギンリョウソウは葉《よう》緑《りょく》体《たい》を持たない腐《ふ》生《せい》植物で、自分で光合成せずに菌類に寄生して養分を吸収し、生きています。従来の分類ではシャクジョウソウ科でしたが、DNA解析に基づく分類でツツジ科となりました。サンカヨウと同じく、朝露や雨に濡れると透明感が増します。

ハオルチア レツーサ

Haworthia retusa

ツルボラン科ハオルチア属

南アフリカの砂漠地帯原産で、長い乾季を耐えるために水分をたくわえられる構造の多《た》肉《にく》植《しょく》物《ぶつ》です。ロゼット（株《かぶ》）の径は70～90mm。ユニークなのは三角柱のような形の分厚い葉の上部に、数本線の入った半透明の窓があることです。まるでぷよぷよしたゼリーのようにも見えますが、触ってみると硬くしっかりしています。この窓、砂漠で風が吹いて周囲が埋もれてしまっても、窓さえ顔を出していれば、光を取り込んで内部の葉《よう》緑《りょく》体《たい》で光合成ができるという仕組みになっています。このような窓を持つ特殊な植物を、窓《まど》植《しょく》物《ぶつ》あるいはレンズ植物と呼びます。

森の中にひっそりとたたずむ
透きとおったキノコたち

ホウライタケ科の一種

Marasmiaceae

ホウライタケ科

マクロレンズを使って拡大して撮影したために、写真を見るだけでは大きさの感覚がつかみづらいですが、高さ20mm、傘の直径が5mmくらいのとても小さなきのこです。これは出始めたばかりの若いきのこ（幼菌《ようきん》）の集まりで、透《す》き通るような傘や傘の下の柄《え》が、みずみずしくて美しいです。撮影した北海道阿寒湖周辺の森は、針葉樹が中心ですが、水辺では広葉樹が多く生い茂り、初夏ならではの若葉の色も十分に楽しめます。傘の裏側のヒダの感じや大きさなどから、ホウライタケ科の一種だと類推されます。

アシグロホウライタケ

Marasmiellus nigripes

ホウライタケ科シロホウライタケ属

さまざまな植物の枯れ葉などから発生する小さなきのこ。この写真に写っているきのこの傘の直径は2～5mm程度の大きさです。名前のとおり、傘を支える柄《え》が下にいくにつれ黒くなっていきます。このように小さいきのこを探すのは難しいのですが、観察を続けていると、不思議と次から次へときのこが見つかるようになります。これがいわゆる「きのこ目」です。森で出会ったこのかわいらしいきのこをありのままに記録すべく、手前に穴を掘ってカメラボディの下部分を埋め、同じ「目線」で撮影しました。

フキガマホタケモドキ

Pistillaria petasitidis

シロソウメンタケ科ガマホタケモドキ属

北海道、東北地方以外ではほとんど見ることができない北方系のきのこです。色は白～半透明。円筒形、こん棒形など、多様な形状で、高さは2～8mmです。ジェリービーンズみたいでかわいらしいきのこですね。夏から秋にかけて、腐ったフキの葉柄《ようへい》から発生します。触感は平滑で、湿っているときは柔らかく、乾燥すると硬くなります。晩夏から秋にかけて食用となるきのこ、ハナイグチを採取するために訪れた、カラマツ林の林床《りんしょう》で発見しました。群生《ぐんせい》している姿は、きのこではない、何か別の生物を彷彿とさせます。名前はガマの穂に似たガマホタケというきのこに似ていて、フキから出るきのこの意味です。

エダナシツノホコリ

Ceratiomyxa descendens

ツノホコリ科ツノホコリ属

これはきのこのようで、きのこではありません。長さは1～2mm。粘菌（変形菌《へんけいきん》）をご存じですか。きのこは菌類の子実体《しじつたい》（胞子を飛ばすための構造物）ですが、これは粘菌の子実体なのです。胞子を飛ばす、という目的こそ共通ですが、そもそも粘菌は菌類と似て非なる生き物です。粘菌の胞子は発芽すると菌類のように菌糸《きんし》を出すのではなく、粘菌アメーバとなり、細菌などを食べながら分裂して増えます。粘菌アメーバには性別があり、雌雄が出会うと合体（接合）して変形体《へんけいたい》に変身します。変形体は移動しながら細菌や他の菌類を食べ、十分に成長すると子実体に変わっていきます。そしてまた、胞子という形でアメーバを飛ばすのです。粘菌は動物と菌類の両方の性質を併せ持つ生き物といえます。エダナシツノホコリは粘菌の中でも原生《げんせい》粘菌類に分類され、粘菌類とは分けられているので、ややこしいですが、とにかく世の中、不思議な生き物がいるものです。

透明な蝶が花びらの色に変わるとき

butterfly

鮮やかな色彩は、チョウのトレードマーク。それもこれも衣装としての鱗粉《リンプン》があってこそ。
チョウからそのリンプンをとってしまうと、透明な翅《ハネ》がでてきます。
美しい花にはトゲがあるけれど、リンプンのほとんどない、
生まれながらの透明なチョウにあるのが——毒。
透明という、チョウらしからぬシグナルで身を守っているのでしょうか？

スカシマダラチョウの一種

Pteronymia sp.

タテハチョウ科マダラチョウ亜科
トンボマダラ族

トンボマダラ族のチョウは、中南米に生息《せいそく》する翅《はね》が透明な蝶です。翅を広げた大きさは約5〜6cm。セミやトンボなど翅が透明な昆虫は私たちの身の回りにも多く、珍しくありませんが、蝶の場合は通常、翅の表面が鱗粉《りんぷん》におおわれています。透明な翅は、まるでステンドグラスのようですが、鱗粉がなくて問題ないのでしょうか。

ツマジロスカシマダラ

Greta morgane oto

タテハチョウ科マダラチョウ亜科
トンボマダラ族

透明な翅《はね》のツマジロスカシマダラが交尾《こうび》しています。実はこの交尾には、子孫を残す以外に大きな意味があります。毒素を持つ植物が枯れたり、弱ったりすると、トンボマダラの仲間のオスが集まり、ピロリジディン・アルカロイドという有毒物質を摂取し、体内に蓄積します。体内に捕食者が嫌う毒素を持つことで、身を守っているのです。オスは、このアルカロイドを含むフェロモンを出すことで、メスを誘引します。メスはアルカロイドを多く持っているオスを好み、交尾を通じて毒成分を受け取ります。トンボマダラ以外の透明な翅の蝶の多くが、この有毒の蝶に擬態《ぎたい》して、捕食者から身を守っているといわれています。

ツマジロスカシマダラ

Greta morgane oto

タテハチョウ科マダラチョウ亜科
トンボマダラ族

ほとんどの蝶は、さまざまな色彩の鱗粉《りんぷん》を翅《はね》にまとい、種や雌雄を識別したり、派手な色彩でアピールしたり、逆に保護色で隠れたりします。他にも、雨つゆを弾いたり、フェロモンを出したり、鱗粉にはいろいろな機能があります。トンボマダラの仲間は、なぜ翅が透明なのでしょうか。その答えは生息地の環境にあります。トンボマダラの仲間の多くは、森の薄暗い場所を好み、生活しています。透明な翅で周囲の景色に溶け込むので、その姿を見つけるのはとても困難です。飛んでいる姿を追いかけていても、途中で消えて見失ってしまうのです。

ベニスカシジャノメ

Cithaerias pireta pireta

タテハチョウ科ジャノメチョウ亜科
スカシジャノメ族

中米に生息し、翅《はね》を広げた大きさは約5cm。ベニスカシジャノメの仲間は、翅に透明な部分と、赤や桃色の部分の両方を併せ持っています。黒と白の眼状紋（目玉そっくりの模様）もあります。熱帯雨林から熱帯湿潤林のうっすらと陽が差し込む細い林道の地面すれすれを、跳ねるように飛んで、行き来しています。翅の茶色く太い線の模様は、鱗《りん》粉《ぷん》ではなく、翅自体に色がついています。赤い部分には、細かく赤い毛がたくさん生えています。黒に白い点の眼状紋は鱗粉で、天敵をびっくりさせる役割があるのでしょう。

スカシツバメシジミタテハ

Chorinea faunus

シジミタテハ科シジミタテハ亜科
シジミタテハ族

中南米にすむ、シジミタテハチョウの仲間です。翅《はね》を広げた大きさは約3cm。黒くくっきりとした網目模様の間は透明な翅で、尾の部分の鮮やかな朱色が目立ちます。透明な翅は、角度によって青っぽく見えて、とても美しいです。飛ぶ速度が速く、花の周りで飛ぶ姿を、一瞬ハチと見間違えることもあります。

洞窟のザリガニ
crayfish

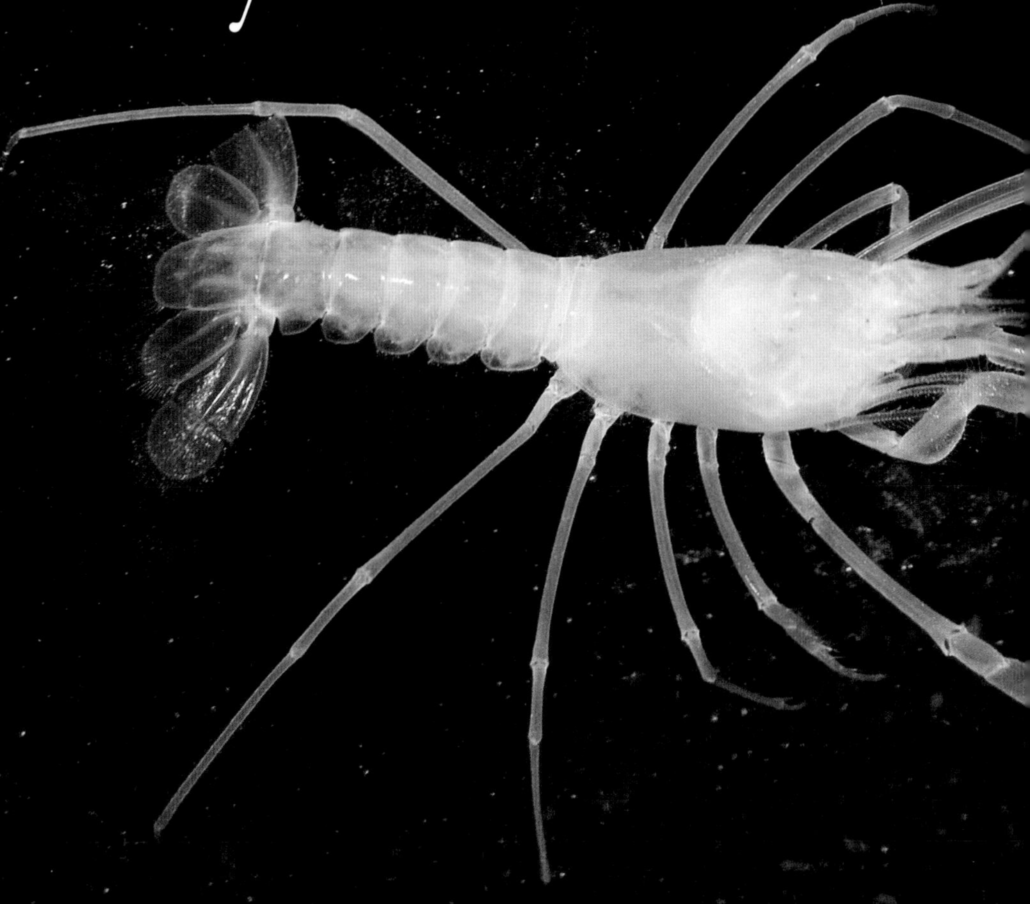

洞窟ザリガニの一種

Troglocambarus maclanei

アメリカザリガニ科

この大きさ15cm程の白く透明なザリガニは、洞窟という暗黒の世界で暮らすうちに眼が退化し、発達した触覚を使って暮らしています。光のない闇の世界では色素は必要ないため、このように神秘的な透《す》き通った白色をしているのです。アメリカの透明な洞窟ザリガニは各種いますが、本種は英名のSpider Cave Crayfishの名の通り、クモのように長い足と弱々しいほど細いはさみが特徴です。ザリガニの中でも地下の暗闇に最も特化した形態になったといわれています。また、透明な洞窟ザリガニの仲間は、長寿なことでも有名で、*Orconectes australis*という種は、最長寿命176歳という研究報告があります。成熟するのにも100年かかるというから驚きです。もっとも、最新の研究では20年以上、長くても50年ではないかという説もありますが、私たちになじみの深い、一般のアメリカザリガニの寿命がせいぜい数年なのに比べると、圧倒的に長寿。洞窟という厳しい環境で生き抜くうちに代謝が落ち、長寿を獲得したと考えられています。

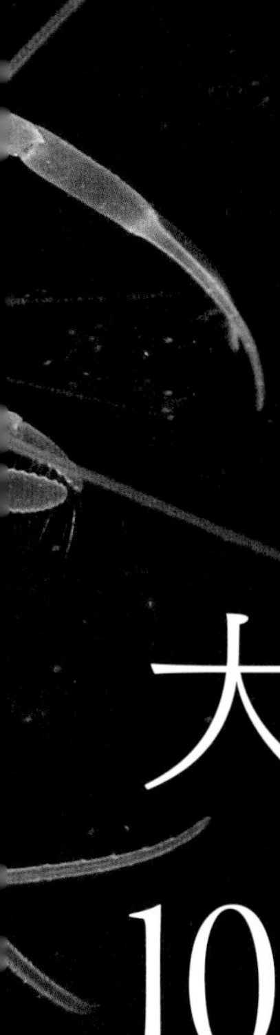

——176歳のザリガニは、大人になるのに100年かかった?

Slow Life is Long Life.

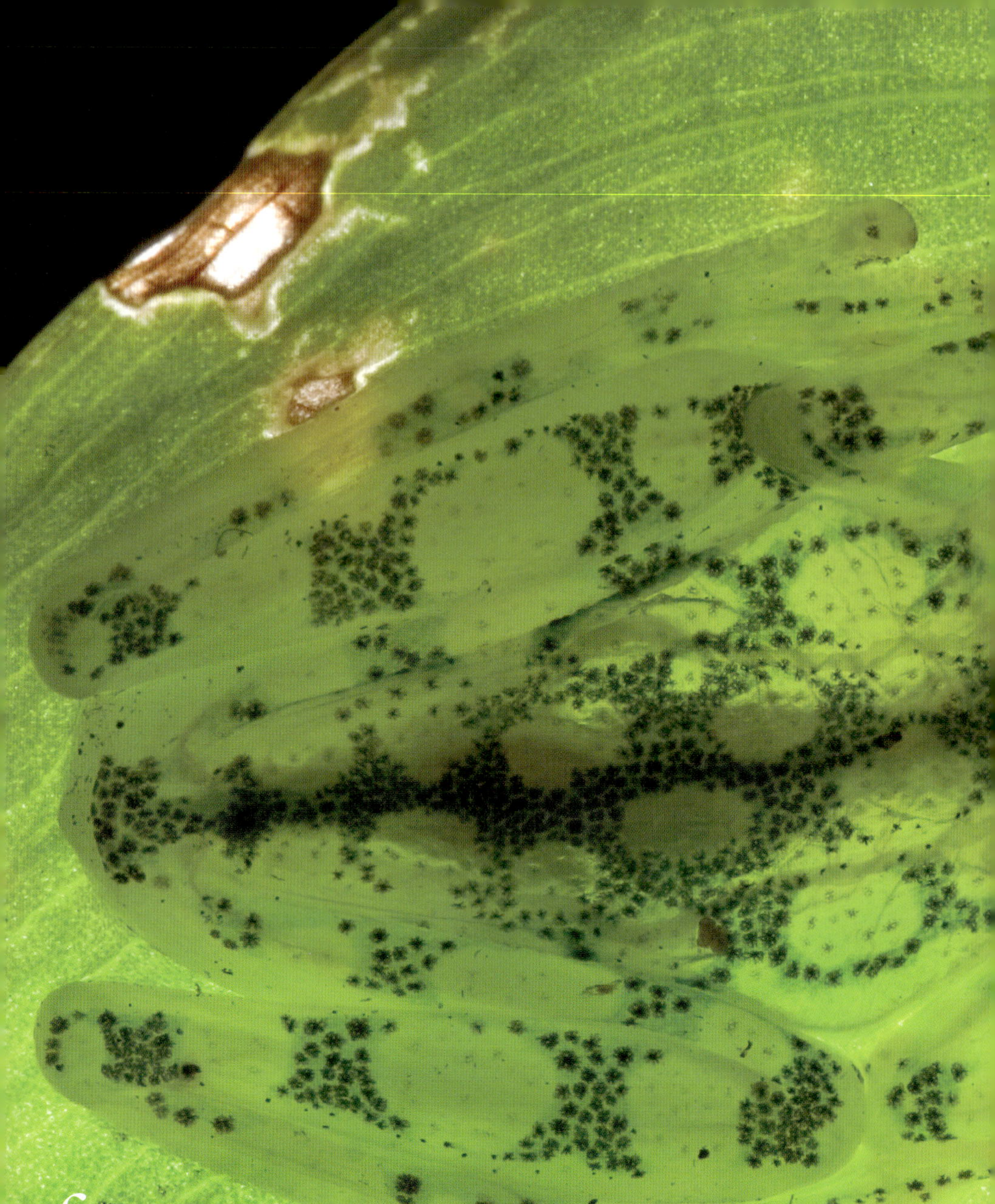

frog

深い霧におおわれた熱帯のクラウド・フォレスト（雲霧林《うんむりん》）。
グラスフロッグ――ガラスのカエルは、たか～い山の、雲の森にある川のほとり、
樹木《じゅもく》の葉の上で暮らしています。なぜ自分が透明なのかって？
それはきっと目立たなくして、あなた自身を守るためなのでは？〈其《そ》は汝《な》がために体は透《す》ける？〉

誰《た》がために体は透ける

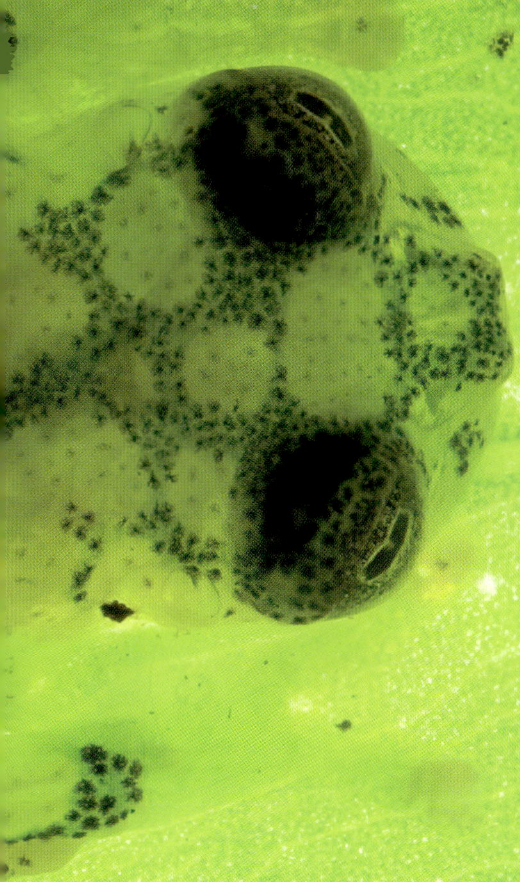

ラパルマアマガエルモドキ（グラスフロッグ）

Hyalinobatrachium valerioi

カエル目アマガエルモドキ科

葉っぱと完全に一体化したカエルのカモフラージュ。まるで森の忍者ガエルの木の葉隠れの術とでもいうべき見事さです。実はこの巧妙な技にはある秘密があります。Glass Frog=ガラスのカエルという英名にそのヒントがあります。この大きさ2～6cmの小さなカエルの仲間は約150種が標高2,000mまでの中南米の熱帯雨林から熱帯雲《うん》霧《む》林《りん》にかけて分布し、その多くは1,000m以下に生息しています。日中は薄暗い森で葉の裏にくっついて休んでいて、天敵が少なくなった夜間に行動する夜行性のカエルです。見た目がアマガエルに似ているので、アマガエルモドキという和名になったのでしょう。一見ふつうのカエルに見えますが、体がぷるぷるしているように見えます。まるでゼリーのような体は光を通し、透《す》けています。（写真は頭が右）

ラパルマアマガエルモドキ（グラスフロッグ）

Hyalinobatrachium valerioi

カエル目アマガエルモドキ科

蛇や鳥類など天敵が多いカエルが身を守るには、いかに敵から見つかりにくいかが重要です。私たちにもおなじみのニホンアマガエルなど一部の種では体色を変えることができますが、多くのカエルは生息する環境に合わせて保護色になるような体色をしています。樹の上で暮らすグラスフロッグの仲間が透明に進化したのは、1つには生息地である中南米の熱帯雨林の植物の多様性に対応するためだと考えられます。つまり透明であれば、どんな色のどんな模様の葉でも対応できるということです。

ラパルマアマガエルモドキ（グラスフロッグ）
Hyalinobatrachium valerioi
カエル目アマガエルモドキ科

もう1つ重要なポイントは影です。グラスフロッグの生息する中南米の熱帯雨林は赤道に近く、強烈な太陽光が降り注ぎます。どんなに巧妙に色彩を似せて葉の裏に隠れていても、影だけは隠せず、捕食者に見つかってしまいます。体の大部分が半透明で、腹側が透明なグラスフロッグは光の透過率が高く、影が薄まるので捕食者に見つかりにくく、葉の裏で安心して寝ていられるわけです。ちなみに、猛毒を持つヤドクガエルの仲間は逆にド派手で目立つ体色をしていて、捕食者に対して有毒であることをアピールし、日中堂々と行動する、グラスフロッグと全く逆の生き方をしています。どちらも身を守るという目的は共通なのですが、手段が対照的に異なるわけです。同じ生物群でも種類によって生き方が異なる。これが生物多様性の面白さです。

透明な熱帯魚は、にごったお水がお好き？

freshwater fish

清流と言いますように日本の川は、
透き通ってキレイなものですが、ザンネンながら透明なお魚はおりません。
なぜか、南米や東南アジアの、あの暑くて、にごったような川に多く生息しております。
淡水のお魚は、私たち人間と同じくらい色を見分ける能力があるとか。
目の良い透明な魚たちは、なぜか、にごったお水がお好き？

トランスルーセントグラスキャット

Kryptopterus bicirrhis

ナマズ科

大きさ8cm。タイ、マレーシア、インドネシア原産で、1対のヒゲを持つ遊泳性の強いナマズの仲間。体のほとんどが透明で骨や内臓が透《す》けて見えます。昼《ちゅう》行《こう》性《せい》が強く、群れで行動することを好みます。群れの時は中層にいるのですが、単独になると隠れてしまいがちで、ちょっと臆病者です。

ミクロスケモブリコン

Microschemobrycon sp.

カラシン科

ブラジル・ネグロ川原産のカラシンの仲間で、体長2cmと特に小型な部類です。比較的大きな口を持っていますが、性質は温和でむしろ臆病なほどです。流れの緩やかな場所の中層から下層にいて、微小生物が口元に来るのを待っています。

グラスドルフィンキャット

Ageneiosus sp.

アウケーニプテルス科

ペルー原産で南米アマゾン川に広く分布するナマズの仲間。大きさ10cm。他の多くの種類が黒や茶なのに、本種は半透明で背骨や内臓が透《す》けて見えます。頭部が細く下がり、まるでイルカのようなシルエットなのが名前の由来で、ユニークです。遊泳性が強く、よく泳ぎ回る温和な種です。

海の小さなEXILE《エグザイル》——貝殻の呪縛から解き放たれ、いずこへさまよう

pelagic mollusk

貝《カイ》殻《ガラ》という重たいクビキを脱して、
透明になって海のなかをプカプカ浮かんで暮らしています。
カイガラは、もう、なくなっていたり、ちょっとだけしか、残っていなかったりしますが、
クリオネをはじめ、皆さん、りっぱな貝。巻き貝の仲間であります。
浮遊性貝類などと呼ばれますが、
「流氷の天使」といわれるクリオネのように、冷たい海で暮らしてるのは少数派。
ほとんどは暖かい海で、のんびりと漂《ただよ》ってるのです。

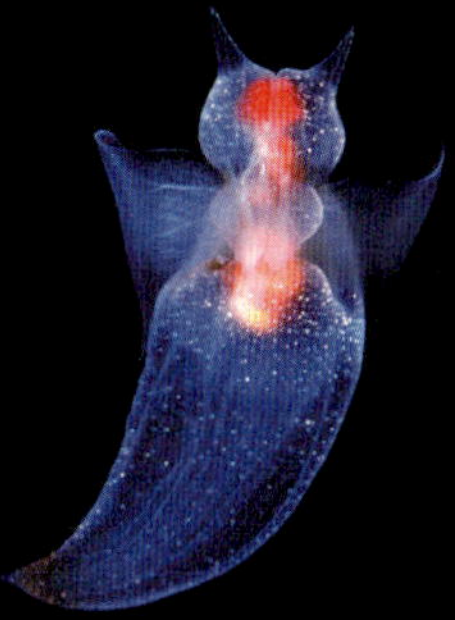

ハダカカメガイ

Clione limacina

ハダカカメガイ科

別名のクリオネの方がピンとくる、体長1～4cmの巻貝の仲間です。成体《せいたい》には貝殻がないので、巻貝の仲間といわれても首を傾げてしまいますが、幼生の時には貝殻があり、それが成長の過程で失われてしまいます。北極海から北大西洋北部、北太平洋西部の冷たい海に生息する浮遊性《ふゆうせい》の貝類で、捕食者から身を守るには有利でも、重さで移動能力が大幅に低下してしまう貝殻から脱け出して、広い海を自由に移動する生き方を選択したのです。クリオネは内臓以外は透明で、翼のように見える足=翼足《よくそく》をぱたぱたと動かして移動し、その愛らしい天使のような姿で「流氷の天使」とも呼ばれます。ところが、その愛らしい姿とは裏腹に、獰猛な肉食性で、ミジンウキマイマイなどの好物を見つけると頭部が開き、バッカルコーンと呼ばれる触手《しょくしゅ》が出てきて、がっちり押さえ込んで食べてしまいます。そして食べ終わると触手をしまい、再び天使の姿に戻って泳ぎ始めるのです。（写真2点共通）

ヤジリカンテンカメガイの一種

Cymbulia sp.

ヤジリカンテンカメガイ科

クリオネのように一見、貝殻がないように見えますが、擬殻《ぎかく》といって、船形の軟骨状のものを持っています。海の中を浮かんで暮らす浮遊《ふゆう》性貝類《せいかいるい》の中で、翼のような翼足《よくそく》と貝殻を持つ種類を有殻翼足類《ゆうかくよくそくるい》といいます。この仲間は小型のプランクトンを濾過《ろか》するように食べます。本種は大きさ6.5cmとクリオネの倍近くあります。透明な体が弓矢の先のやじりの形に似ているのが名前の由来です。大きな翼足をゆっくり動かしながら浮かんでいる姿はクラゲとよく間違われます。

タルガタハダカカメガイ

Cliopsis krohni

クリオプシス科

クリオネと同じ裸《ら》殻《かく》翼《よく》足《そく》類《るい》の浮《ふ》遊《ゆう》性《せい》貝《かい》類《るい》で体長2.5cm。太平洋からインド洋にかけての温暖な海に生息します。ふっくらした体形が名前の由来ですが、樽というよりもガラスの壷《つぼ》か水瓶のように見えます。裸殻翼足類は成長すると完全に貝殻がなくなるのが特徴で、その名の通り胴体の前のほうに透明な1対のひれのような形状の翼足を持ちます。

ウキヅノガイ

Creseis acicula

ウキビシガイ科

全長3cm。透明で細長く尖ったつららのような貝殻を持つ有殻翼足類《ゆうかくよくそくるい》で全世界の海に生息します。尖っていない方の殻口《かっこう》から左右に翼を出して、竹とんぼのように回転しながら不器用に泳ぎ進みます。貝殻を持ちながら泳げるタイプもいるんですね。ダイビングをしていて、このガラスの剣のような、とても鋭利な貝殻が回転しながら迫ってきたら、小さいとはいえ、ちょっとした脅威ですね…。でも、進行方向は尖ってない方ですので、ご安心ください。

シロカメガイ

Cavolinia gibbosa

カメガイ科

透明から白色で突起のある球型の小さな貝殻を持ち、2枚の大きな翼のように見える翼足《よくそく》を出して泳ぐ浮遊性貝類《ふゆうせいかいるい》で、世界の温帯から熱帯の水域に生息します。殻の長さは11mm。殻は巻いていませんが、巻貝の仲間に分類されています。その姿はまるでガラス玉に翅《はね》が生えて羽ばたいているようで、See Butterfly（海の蝶）という英名がぴったりです。

↑→ オオタルマワシ

Phronima sedentaria

タルマワシ科

まるで透明な樽のような住まいの主は、オオタルマワシという甲殻類の仲間です。エビのような生き物で、体長30~40mmと小さいのですが、2本の大きなハサミがついた脚を持つ姿は恐ろしげで、SF映画に出てくるエイリアンを透明にしたような風貌をしています。太平洋からインド洋、大西洋に広く分布し、甲殻類の中で1万種類以上が知られる端脚類《たんきゃくるい》というグループに含まれます。私たちが端脚類を直接利用することはほとんどありませんが、刺胞動物《しほうどうぶつ》や魚類など多くの生き物を支えている重要な生物群ですから、私たちも間接的に支えられていることになります。（写真2点共通）

極小宇宙のエイリアン——ミクロの奇《き》界《かい》へ旅する

crustacean & annelid

まるでエイリアンのような生き物がおるのです。
そのまんまエイリアン！　のオオタルマワシとか、天《あま》翔《か》ける龍のように泳ぐオヨギゴカイとか…。
小さな生き物たちを拡大してみると、そこには違う世界が広がっているのです。
日ごろ、目にすることのない、透明な小さな生き物たちが息づく、奇妙で不思議な世界。
ミクロの奇《き》界《かい》を旅してみましょう。

オオタルマワシ

Phronima sedentaria

タルマワシ科

姿だけでなく、その生態もエイリアンのように不気味です。オオタルマワシはサルパやヒカリボヤなどのゼラチン質生物を捕らえ、体内組織を食べて、被嚢《ひのう》と呼ばれる外側の部分を、自分の身体がすっぽり収まるよう樽型に加工し、その中で暮らします。そして、その中に卵を産み、子育てします。透明な樽住居は保育室も兼ねるわけです。産まれた子どもたちは、この樽に守られ、親が運んでくる餌はもちろん、時には樽そのものを食べながら育ちます。オオタルマワシはその恐ろしげな風貌および餌動物《えさどうぶつ》の死体をすみかにする不気味な生態と、子どもたちの入った樽を押して健気に子育てする姿のギャップがとてもユニークな透明生物です。

オヨギゴカイ属の一種

Tomopteris helgolandica

オヨギゴカイ科

オヨギゴカイには色にまつわる不思議があります。まず、体色の豊富さです。無色透明なものから、透《す》き通った赤、橙、紫など様々なのですが、同じ種でも色に違いがあるのです。この体色の違いは食べ物の違いによるものだといわれています。また、体の腺から黄色く発光する液を分泌するのですが、深海生物には黄色は認識できません。この黄色い分泌液、何のために分泌し、どのように役に立っているのかは解明されていません。

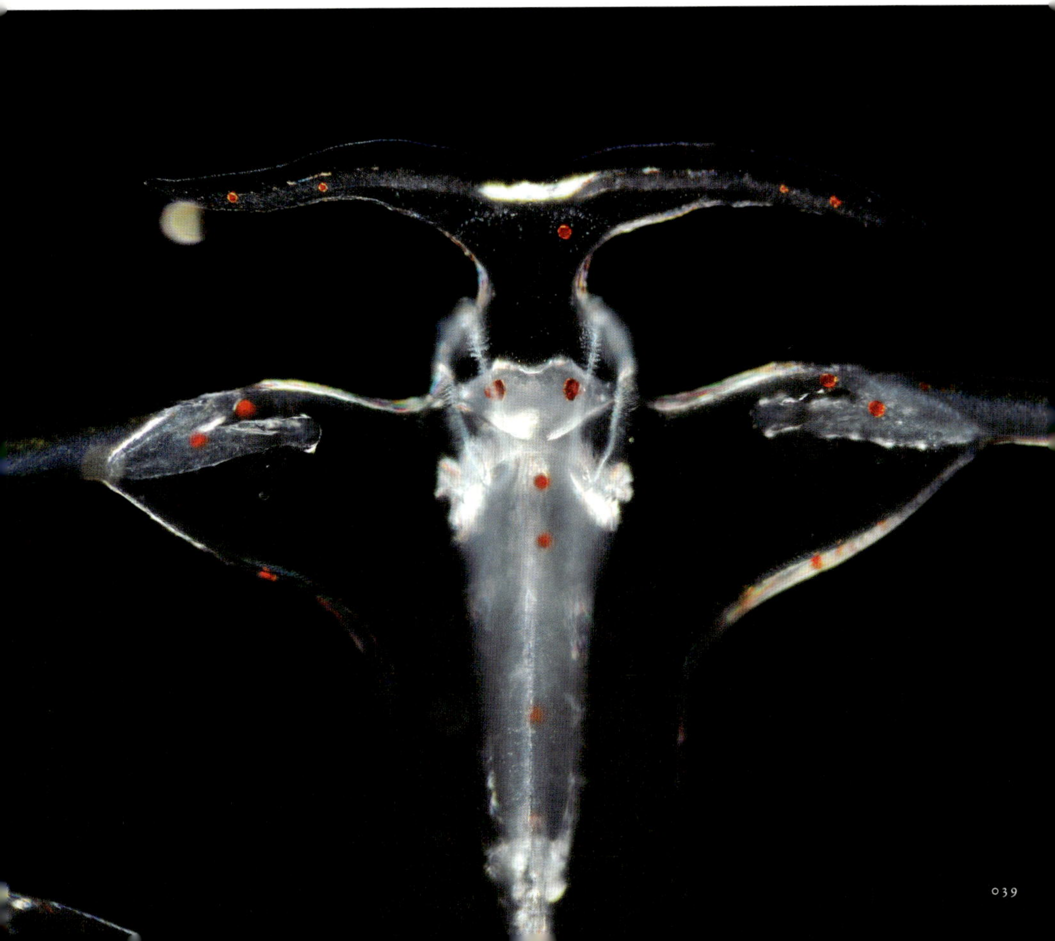

オヨギゴカイ

Tomopteris pacifica

オヨギゴカイ科

大きさ30cmまで。太平洋・大西洋に広く生息。釣り餌に使われるゴカイに近い仲間ですが、ゴカイが海底で生活する（底生生物《ベントス》）のに対して、オヨギゴカイはその名の通り、海中を泳いで浮遊生活（浮遊生物《プランクトン》）するのが大きな違いです。もちろん、ゴカイがそのまま泳いでいては釣り餌のように捕食者の餌食《えじき》になるだけですから、透明な体をしています。ゴカイが体側に生えた剛毛で泳ぐのに対し、オヨギゴカイはオールのように発達した脚を使って泳ぎ、浮遊生活により適応しています。優雅に泳ぐ姿は、透明な龍が深海の宙《そら》を飛翔しているかのようです。

カプレラ リネアリス

Caprella linearis

ワレカラ科

主に大西洋に生息。海藻について生活する小さな甲殻類で、大きくても数cm。体はナナフシのように細長く、大きなハサミを備えた咬脚《こうきゃく》を構える姿はカマキリのように見えます。生活する海藻に擬態《ぎたい》し、離れず、シャクトリムシのような動きで移動します。とても小さく、細長くて、色も似ているので、海藻に取りついているワレカラは見つけにくいです。“われから”食わぬ上人なし、という言葉があります。一切の殺生を禁じる仏教の教えを厳格に守って動物食をしない高位の僧侶でさえも、海藻を食べれば知らないうちにワレカラも一緒に食べてしまうという意味で、物事に完璧なことはないということわざであり、仏教の厳し過ぎる戒律に対する皮肉でもあります。

サフィリナ サリ

Sapphirina sali

サフィリナ科

カイアシ類と呼ばれる、顕微鏡サイズの微小な甲殻類の仲間です。胸脚《きょうきゃく》をボートの櫂《かい》のように使って泳ぐため、櫂脚類《かいあしるい》と呼ばれるのです。写真の青い部分は卵嚢《らんのう》で、小さな粒状の卵が集まっています。

サフィリナ属の一種

Sapphirina sp.

サフィリナ科

昔からカツオ漁の漁師は黒潮の分岐点で見られる、虹色に輝く海面を目指して移動し、漁をしました。それはサフィリナのオスが太陽の光を受けて作った虹色の輝きです。そこには、サフィリナを食べる小魚が集まり、さらにそれを食べるカツオが集まるからです。実は学名のサフィリナは宝石のサファイアの意味なのです。オスの殻は結晶体になっていて、光を反射・干渉させるために虹色に輝きます。これはメスにアピールするためと言われています。

ブラインシュリンプ

Artemia salina

ホウネンエビモドキ科

世界各地の塩水湖に生息する小型の甲殻類で、約1億年前から変わっていないので、「生きた化石」と言われています。体長1cm程で、たくさんの鰓脚《さいきゃく》を活発に動かして泳ぎます。乾期などで生息地の環境が悪化した際にメスは耐久卵《たいきゅうらん》を産み、卵は長期間の乾燥に耐え、悪化した環境の回復を待って孵化《ふか》します。不死身の生き物として名高いクマムシと同じトレハロースという物質が卵に含まれていることが深く関わっており、この休眠卵は観賞魚向けの生餌として市販されています。長期間の乾燥に耐える、この驚異のサバイバルノウハウを私たち人間が利用しているというわけです。

ミジンコ属の一種

Daphnia sp.

ミジンコ科ミジンコをか弱い生き物のように思うかもしれませんが、実はとても強い生き物です。水質が悪化したり、天敵が増えたりして環境が悪化してくると、ふだん単《たん》為《い》生《せい》殖《しょく》でメスだけを産んでいたメスがオスを産みます。オスはひと回り小さく、吻《ふん》がないのが特徴です。そして雌雄の有性生殖によって産卵します。この卵は脱皮の際に体を離れ、水底に沈みます。卵は大きく、殻も厚いため、悪環境に耐えることができます。池から消えてしまったミジンコが春に再び発生するのは、このサバイバル術があるからなのです。中には30年以上前の地層から出てきた卵から孵《ふ》化《か》した例もあります。

キバなんか、怖くない——珊瑚の海のツヨキなガラス細工

shrimp

歩くのが遅い。もちろん泳ぎもヘタ。大きさといったら、小指の先ほどのグラスシュリンプ。
これでは、あっという間に食べられてしまいそうですが、ウツボのお口を掃除したり、
透明さを生かしてイソギンチャクやサンゴのスキマに溶け込んで隠れたりして、
ケンシンぶりと、透明さで、なんとか海底で元気に暮らしております。

ミカヅキコモンエビ

Urocaridella sp.

テナガエビ科

奄美大島以南からオーストラリア北部にかけての西太平洋からインド洋に分布し、体長2cm程。透明な体には黄と赤褐色の斑《はん》紋《もん》が入り、額角《がっかく》（ひたいにあるツノ）、はさみ、尾のふちの黄色がとても目立ちます。この黄色い額角がカーブしているのを三日月に見立てて、この和名になりました。本来エビにとって天敵であるはずの魚類についている寄生虫などを食べる、いわゆる清《せい》掃共《きょう》生《せい》をしているエビの一種です。ウツボやハタなどクリーニングされる側は、寄生虫を掃除してもらえるメリットがあるので、口元をエビがうろついていても食べないのですが、全くエビが食べられないわけではありません。クリーナーシュリンプは「腰を振る踊り」で「掃除屋」であることを「お客様」に伝え、共生関係を成立させています。何らかの要因で踊りをやめたり、脱皮するなどエビらしい行動をした瞬間、食べられてしまいますから命がけの踊りと掃除といえます。

バルスイバラモエビ

Lebbeus balssi

モエビ科

本州中部から東シナ海にかけて分布し、乳白色の半透明な体に赤、白、ピンクの細い線が入った縞模様、長くて真っ白な脚でとても美しいエビです。体長2～3cm。魚類ではなく、スナイソギンチャクと共生しています。

バルスイバラモエビ

Lebbeus balssi

モエビ科

本種はその美しい色彩でダイバーから大人気で、エビの女王様ともいわれます。確かに、カラフルなスナイソギンチャクとの組み合わせは、とても魅力的な被写体といえます。

ハモポントニア フィソジーラ

Hamopontonia physogyra

テナガエビ科

西太平洋からインド洋にかけて分布しますが、日本での観察例はありません。体長は1.5cm。体はとても透明で、紺と白の細かい斑点《はんてん》で縁取られます。また、頭胸甲《とうきょうこう》や腹節《ふくせつ》の上面には、クモの巣状の白い斑紋があります。ミズタマサンゴやオオハナサンゴと共生します。頭胸甲とは、料理でいうエビの頭で、腹節は殻をむく部分です。

カザリイソギンチャクエビ

Periclimenes ornatus

テナガエビ科

西太平洋からインド洋にかけて分布し、イソギンチャク類と共生します。体長2cm。宿主に近い褐色がかった透明な体に赤紫と白色の細かい点が入り、両眼をつなぐ白い線が特徴です。サンゴイソギンチャクなど大型のイソギンチャクの仲間と共生します。

アカホシカクレエビ

Ancylomenes speciosus

テナガエビ科

房総半島以南に生息し、体長2.5～3cm。透明な体に赤と白の斑《ふ》が入っています。頭の方から数えて3つ目の殻の背側部分となる第3腹節《ふくせつ》に特徴があり、前方は橙色の地に細かい赤い斑がびっしり入り、後方には白地の大きな斑があります。白いはさみのついた脚の先と各関節付近は紫青色です。大型のイソギンチャクやポリプの長いサンゴ類と共生します。

アカスジカクレエビ

Manipontonia psamathe

テナガエビ科

西太平洋からインド洋にかけて分布し、体長2cm。透明な体に、額角《がっかく》（ひたいにあるツノ）から尾部にかけて目立つ赤い線が通っているのが特徴です。ウミトサカ、ウミカラマツなどと共生し、その「赤い線」の特徴を活かして巧妙にカモフラージュしています。様々な樹状のサンゴの仲間などの上に群れで見られます。

透明だけど色鮮やかな淡水エビたち

ルリーシュリンプ

Neocaridina heteropoda var.

ヌマエビ科

台湾原産で、レッドチェリーシュリンプを元に作出された改良品種です。体長2cm。濃い赤と透明な体のコントラストが特徴的ですが、この赤の入り方は個体によってバラエティに富んでいます。台湾名で琉《る》璃《り》蝦《えび》と呼ばれることからこの名前になりました。

ベルベットブルーシュリンプ

Neocaridina heteropoda var.

ヌマエビ科

台湾原産で、ルリーシュリンプの作出過程で出現した、透明な部分が青みを帯びたものを選別淘汰したものとされています。体長2cm。青みを帯びた体が特徴ですが、全身が青いものや、節々が青いものなどバリエーションが見られます。

イエローチェリーシュリンプ

Neocaridina heteropoda var.

ヌマエビ科

台湾原産で、チェリーシュリンプの養殖過程で出現した黄色変異個体を固定した改良品種の鑑賞用エビ。体長2cm。透けるような黄色が特徴ですが、改良が進んだ結果、濃い黄色のものやオレンジ色がかったものなども作出されています。

ようこそ! ガラスの動物園へ

squid

もしかして、イカがシロ色と勘《かん》ちがいしていませんか? イカはキホン透明なんです。
白って、古くなったサシミとか、イカ天とかをイメージしてるだけ。
海のなかのイカは透明で、透き通りつつも、
さまざまに色を変えたり、発光したりしていて、それはそれは美しい動物なのです。
でも、残念なことに、本人たちは、その美しさを分かっていません。
なぜなら、イカは、色盲《しきもう》なのです。

ゴマフホウズキイカ

Helicocranchia pfefferi

サメハダホウズキイカ科

私たちのイカのイメージとは少しかけ離れた、全身が透明で風船を膨らませたようなユニークな姿をした深海性のイカで太平洋からインド洋にかけて分布しています。膨らんだ外《がい》套《とう》膜《まく》（内臓を包む膜）の全体に細かい斑《ふ》が入るのが名前の由来です。外套膜の長さは約4cm。アップの写真だと大きく見えますが、実際にはとても小さなイカなのです。海水を噴き出して進むための漏《ろう》斗《と》という部分が巨大なのと、脆弱な８本の腕と対照的にとても長くて太い２本の触《しょく》腕《わん》を持つのが本種の特徴です。ひれは小さく櫂《かい》型《がた》です。

ウスギヌホウズキイカ

Teuthowenia pellucida

サメハダホウズキイカ科

環南極海域（南極海の外側をめぐる海域）に生息するイカで、外套長《がいとうちょう》（胴体部分）は20cm前後。普段はスラリと細長い姿ですが、危険が近づくとユニークな警戒態勢をとります。凹んだ部分に海水を導入し、膨らんで透明な球体に変身するのです。サメハダホウズキイカ科共通のほおずきのような姿になるわけです。さらに危険が続く場合、触腕《しょくわん》や頭部を引っ込めてさらに丸くなり、最終的には球体の内部で墨を吐いて、黒い球体になってしまいます。まるで深海の忍者とでも言うべきこの隠れ身の術を、真っ暗な深海で見破るのは不可能でしょう。

サメハダホウズキイカ

Cranchia scabra

サメハダホウズキイカ科

不透明な眼が逆光で影になって捕食者に見つかってしまうという問題を解決したのが発光器です。サメハダホウズキイカは眼に14個の発光器を備え、逆光状態の時に、発光することによって明るい背景に溶け込んで、捕食者に発見されることを防いでいます。これをカウンターイルミネーション（逆照明）といいます。また、内臓部分にも発光器があります。捕食して体内に入った餌動物《えさどうぶつ》も逆光下で影になってしまう原因だからです。内臓が発光すると、ほおずきの形のランプのように見えますね。

トウガタイカ

Leachia pacifica

サメハダホウズキイカ科

太平洋からインド洋、大西洋まで広く分布。外《がい》套膜《とうまく》の形が細長く尖り、塔のような形をしているのが名前の由来。また、写真では見えにくいのですが、イカの耳、俗にエンペラとも呼ばれるひれは横長で、その幅が外套長《がいとうちょう》（胴体部分）の長さの約40％と大きいのが特徴です。全身が透明で、大きめの眼には2列の発光器を備え、塩化アンモニウムの量を調節しながら姿勢や浮力を調節する、深海を漂って暮らす、といった特徴はサメハダホウズキイカ科の他のイカと共通です。

キタノスカシイカ

Galiteuthis phyllura
サメハダホウズキイカ科

北太平洋北部の冷たい海に生息。サメハダホウズキイカ科の中では比較的に細長い身体です。成長するとダイオウイカやダイオウホウズキイカ並みに大きくなる大型のイカで、外套長《がいとうちょう》（胴体部分）2.7mの記録もあります。ところで、この写真のイカの向きが逆さまだということにお気づきでしょうか。イカの頭は外套膜《がいとうまく》に包まれている部分ではなく、眼と口があるところです。外套膜の部分はえらや消化器官などの内臓がつまった胴で、足（腕）は胴からではなく頭から直接生えています。つまり、この写真では頭が下で胴が上、まるで逆立ちをしているような状態なんですね。

ホタルイカ

Watasenia scintillans

ホタルイカモドキ科

ホタルイカは北海道南部から日本海西部、紀伊半島までの沖合に分布する日本固有種で、食用として私たち日本人に最もなじみの深いイカの１つです。発光生物として有名で、体の腹側全面に約1,000個もの発光器を備え、発光物質と酵素の化学反応で青く光ります。日中、海底から見上げた海面が明るい時に、自分の影を消すために発光しているのです。逆に夜間は発光をとめて、暗闇の中に姿を消します。日本海側の富山湾では春になるとホタルイカが産卵のために沖合いから大群でやってきて、一斉に青い光で発光します。沿岸にやってきたホタルイカは海面の高さがわからなくなり、波にさらわれて浜に打ち上げられることがあります（「ホタルイカの身投げ」と呼ばれます）。

海底を捨てよ、海中へ出よう

octopus

タコは海の底の隠れ家で、じっとしているだけのソンザイじゃあ、ありません。
皆さんは見ていないだけで、ものすごい数のタコさんが、透明になって外洋を、深海を、泳ぎまくっています（漂《ただよ》ってるのもいますが…）。
そうなのです。タコは世界に数百種類いるといわれていますが、
地味な色合いのマダコのように、
タコツボのようなトコロで、じっとしているのは、その一部でしかないのです。

スカシダコ

Vitreledonella richardi

スカシダコ科

太平洋からインド洋のあたたかい海の深海に生息するタコで、ガラスダコという別名の通り、とても体の透明度が高いのが特徴です。これは、多くのタコが海底で暮らすのに対して、中層で生きることを選択したことにともなう進化です。堅い殻も毒ももたないスカシダコが海中を漂っていれば捕食者の格好の餌食です。捕食者から逃れるためには、いかに見つからないかしかなく、隠れる場所やカモフラージュする背景のない海中では、より透明になることが身を守る唯一の手段なのです。スカシダコ科の唯一の種で、大きさは外套《がいとう》長《ちょう》（胴の長さ）4cm以下の個体がよく採集され、大きくても10cm程ですが、雌で全長45cmという古い記録も残っています。

ムラサキダコ

Tremoctopus violaceus

ムラサキダコ科

太平洋からインド洋のあたたかい海の表層や中層を浮遊するタコで、オスとメスで大きさや姿がまったく異なるのが特徴です。メスは1mにもなり、傘《さん》膜《まく》と呼ばれる腕と腕の間の膜がマントのようにとても大きく、これを広げた姿はまるで海の女帝とでもいうべき威厳に満ちたものです。このように存在感たっぷりのメスに対してオスは透明で、大きさは10cm程度しかありません。迫力と威厳に満ちた姿をアピールして外敵を威嚇するメスに比べ、写真のようにオスは身体の透明さを活かして危険を回避するしかないのです。

クラゲダコ

Amphitretus pelagicus
クラゲダコ科

太平洋からインド洋のあたたかい海の深海に生息するタコです。スカシダコと同じように海中を浮遊して暮らす透明なタコですが、スカシダコほど透明度が高くなく、半透明のゼラチン質をかぶったような姿をしています。腕と腕の間の傘膜《さんまく》が深く、腕先まで及んでいます。本種の特徴は背の方にある円筒形の眼で、両眼の間が近く、それを伸縮自在に動かして、獲物を探したり、捕食者をいち早く発見することができます。外套長《がいとうちょう》（胴の長さ）3.5cmや9cmの記録が残っています。

タコの幼生

Juvenile of octopus

稚《ち》ダコも稚イカも、とてもよく似ているので一見見分けにくいように思えますが、胴（眼がある部分が頭で、頭を挟んで腕と反対側）の端にひれがあるのがイカで、タコの場合は基本的にひれがないので、容易に見分けられます。タコの赤ちゃんの暮らしは種類によって様々で、マダコのようにしばらくの間、浮遊生活をしてから海底に降りていく種もいれば、イイダコやテナガダコのようにある程度成長した状態で孵《ふ》化《か》し、すぐに海底に降りる種もいますし、ナツメダコのように孵化したときから生涯ずっと浮遊生活する種もいます。吸盤も、孵化直後のマダコは1本の腕に3つしかありませんが、大人になると50対近くになります。

ナツメダコ

Japetella diaphana

フクロダコ科

太平洋からインド洋、大西洋の深海に生息する浮遊性のタコ。生涯を通じて海中を漂って暮らします。クラゲダコと同じく体は寒天質になっていますが、全身に色素胞が散っていて完全な透明ではありません。そのため眼の周囲や内臓が発光しても効果が弱いこと、また遊泳力が低いこともあって、大形魚類の餌生物《えさせいぶつ》として多く食べられています。外套長《がいとうちょう》（胴体部分）は最大で10cm。写真は幼生から成体の間の小さな個体。

珊瑚の森の小さな忍者たち

goby

分かりますか？　ほらっ！　魚がいるのが。写真の左のほう、黒い点が二つ。
それがハゼというサカナの目です。水中で、ホントに目をコラしてないと、見逃してしまいます。
色とりどりの美しいサンゴの森に隠れた小さな透明なハゼたちです。
わずか3cmにも満たない小さな忍者たちをサンゴの森で探してみてください。

ガラスハゼ属の一種

Bryaninops sp.

ハゼ科

ハゼの多くが石の下や穴などに隠れて暮らしますが、透明なハゼはサンゴ類などをすみかにしています。このガラスハゼの透明な身体は、ムチカラマツに完璧に溶け込んでいます。体長数cmと小さいこともあり、珊瑚の森の小さな忍者は、よほど注意して探さない限り、まず普通は見つけられないでしょう。

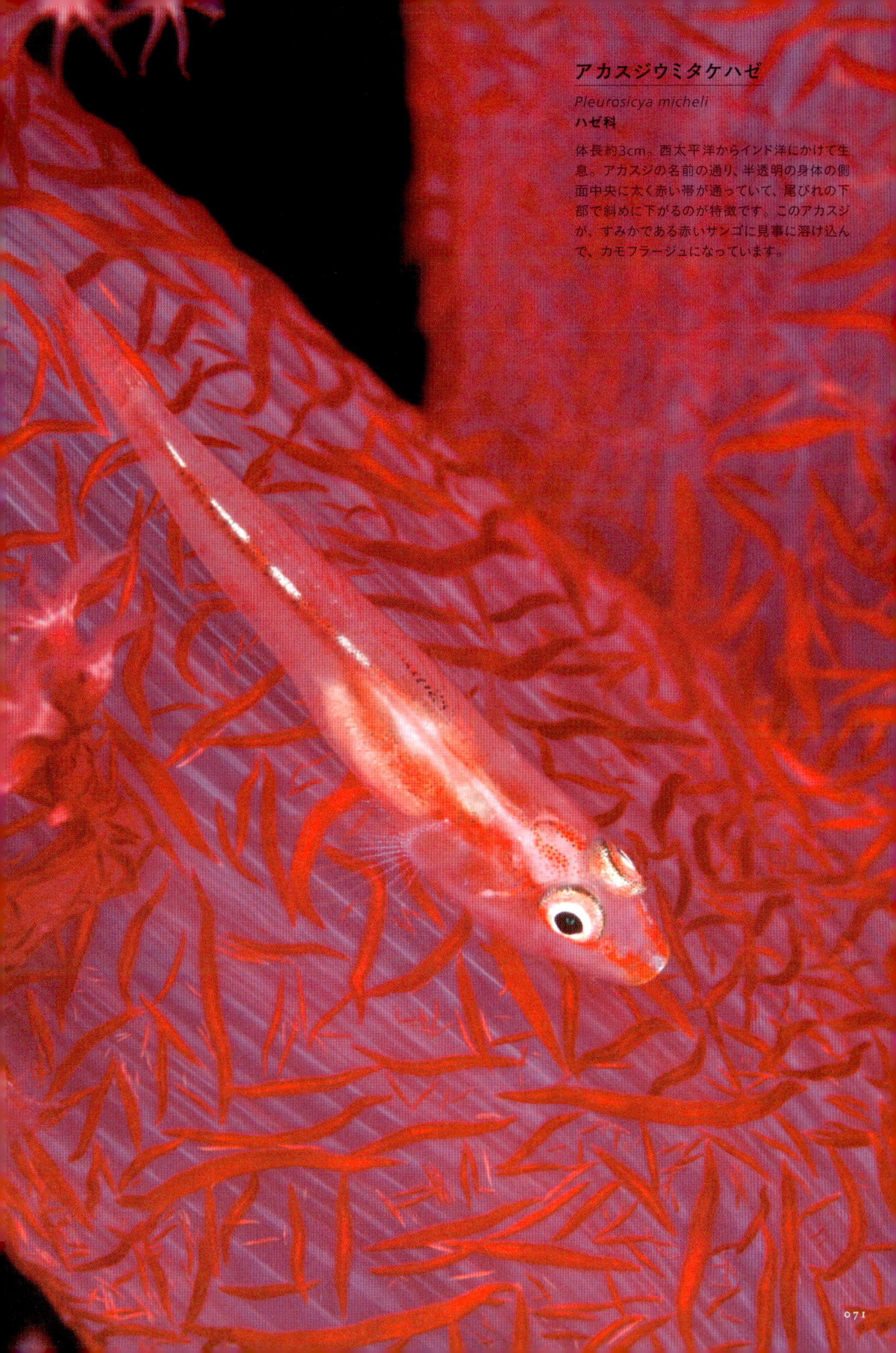

アカスジウミタケハゼ

Pleurosicya micheli

ハゼ科

体長約3cm。西太平洋からインド洋にかけて生息。アカスジの名前の通り、半透明の身体の側面中央に太く赤い帯が通っていて、尾びれの下部で斜めに下がるのが特徴です。このアカスジが、すみかである赤いサンゴに見事に溶け込んで、カモフラージュになっています。

アカメハゼ

Bryaninops natans

ハゼ科

西太平洋からインド洋にかけて分布する全長2cm程度の小さな透明ハゼ。第1背びれの辺りで体高が高くなり、尾にかけて細くなる独特の体型が特徴です。全体には透明なのですが、体の側面に派手な黄橙色の部分があります。また、とても径の大きい眼の周囲が派手な赤紫色で、とても目立ちます。イシサンゴの仲間で枝状のミドリイシ類などを住まいにしますが、危険が近づいた際に、他の透明ハゼのように静止するのではなく物陰に隠れるのは、これだけ目立つ風貌だからでしょう。透明さと目立つ派手な色彩を併せ持つアカメハゼは、これからどのように進化していくのでしょう。（写真2点共通）

深海のパレード
——ダンス、ダンス、ダンス

jellyfish

地球上で最も有名な透明生物といえば、やはりクラゲ。なんといっても体のほとんど、95～98％が、水分でできております。残りはわずかな神経と筋肉、それにコラーゲンくらい。透明率No.1といってよいでしょう。でも、透明なだけじゃあ、ありません。光を反射して七色の虹のように輝いたり、暗黒の世界で自ら青い光を炎のように燃え上がらせたりしております。深海では、今日も静かな光のパレードが繰り広げられているのです。

トガリテマリクラゲ

Mertensia ovum

トガリテマリクラゲ科

種名にクラゲとつきますが、刺胞動《しほうどう》物《ぶつ》のクラゲとは体のつくりも生活も異なる、有櫛動物《ゆうしつどうぶつ》と呼ばれる仲間です。クシクラゲ類とも呼ばれます。有櫛動物は刺胞動物と違って刺胞（毒針を含む器官）を持たず、粘着細胞のある触手《しょくしゅ》を振り動かして餌を採ります。刺胞がないということは、人が刺されることがないということです。繊毛《せんもう》が櫛《くし》のように集まった透明な板、櫛板《しつばん》が体表に8列あるのが特徴で、その繊毛の動きで海中を移動しながら、2本の触手を伸ばし、小さな甲殻類、魚の幼生、プランクトンなどの餌動《えさどう》物《ぶつ》をくっつけて捕え、口に運びます。（写真2点共通）

ツリガネクラゲ

Aglantha digitale

イチメガサクラゲ科

北太平洋北部に分布する最大3cm程度の小さなクラゲ。その名の通り、釣鐘のような形の体はとても透明度が高く、傘の上の方から下がっている8本の白い棒状の生殖腺《せいしょくせん》などが完全に透《す》けて見えています。ツリガネクラゲはこの釣鐘状の傘を細くすぼめて水を吐き出し、水中を移動します。中には「釣鐘」が淡い薄紫や薄紅色を帯びる個体もいます。また、細い触手《しょくしゅ》は100本以上にもなることがあり、これを広げた姿はまるで海の中に咲いた花のように美しいです。

ハナガサクラゲ

Olindias formosa

ハナガサクラゲ科

体長は数cm。2本の触手《しょくしゅ》は、このように体内に引っ込めることができます。本州中部から九州に分布するクラゲで大きさは10cm程。傘そのものにも蛍光色のカラフルな触手《しょくしゅ》が飾りのように生えており、その姿は名前の通り、花笠踊りの花笠のようでゴージャスです。学名のformosa（ラテン語で「美しい」）の通り、人によっては最も美しいクラゲとも評します。ただし「美しいものには刺がある」の言葉通り、刺胞毒《しほうどく》は強く、刺されると激痛が走ります。刺されないように気をつけながら「花笠踊り」を観たいものですが、傘の触手には付着器が備わっており、ふだんは海底や岩などにくっついて、活発には泳ぎません。

クロカムリクラゲ

Periphylla periphylla
クロカムリクラゲ科

全世界の深海にすむクラゲで、体長は最大で20cm程。まるでUFOのような形をした透明な体の中心には赤黒い塊があります。これは胃袋で、深海の発光する動物プランクトンを捕食した際に危険を招かないよう、光を漏らさないような色になっています。一方で自ら発光することができ、危険が近づくと派手に青白く発光して天敵の眼をくらませたり、天敵を捕食してくれる別の捕食者の注意をひいて身を守る術を持っています。

オクトフィアルシム フネラリウム

Octophialucium funerarium
Malagazziidae

ヒドロクラゲの一種で、日本を除く全世界の温暖な海に分布。SF映画に出てくる宇宙ステーションか、はたまた車のホイールか。実に面白い形をしています。

カリアニラ アンタルクティカ

Callianira antarctica
Mertensiidae

南極海域のクシクラゲの一種。櫛板《しつばん》が光を反射して虹色に見え、美しいです。大きさは6cm程。

ニジクラゲ

Colobonema sericeum

イチメガサクラゲ科

太平洋からインド洋、大西洋の広い範囲に分布。ヘルメットのような形の透明度の高い傘の大きさは約5cmですが、とても長い触手《しょくしゅ》を持っています。触手の先の方が真っ白なのが本種の特徴なのですが、この触手にはある秘密があります。捕食者に襲われた際に、触手を切り離します。すると、なんと切り離された触手が発光します。これに捕食者が驚いている隙にニジクラゲは逃げてしまうのです。トカゲの尻尾切りならぬクラゲの触手切りというわけです。

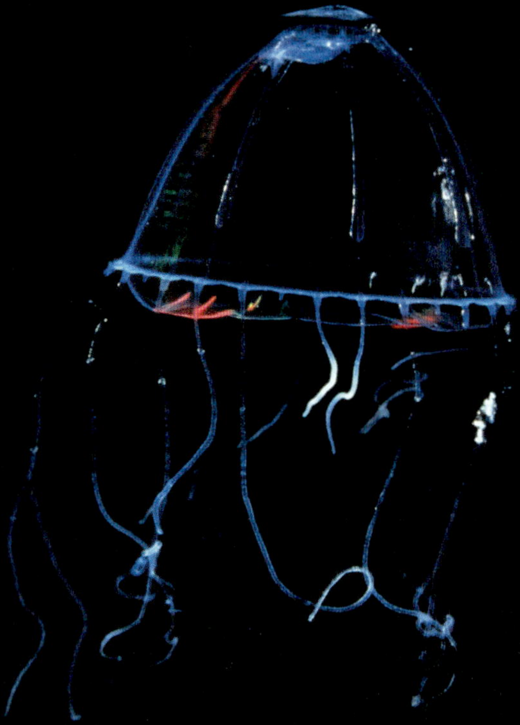

トックリクラゲ

Botrynema brucei

テングクラゲ科

太平洋からインド洋、大西洋の広範囲に分布し、大きさは数cm。傘の形が徳利にそっくりなのが和名の由来です。透明な傘の中で目立っているオレンジ色の部分は胃と放射管で、八方に伸びる放射管は胃から体の細部まで栄養を送る役割を担っています。

カブトクラゲ

Bolinopsis mikado

カブトクラゲ科

日本近海に生息し、体長は約10cm。刺胞動《しほうどう》物《ぶつ》のクラゲではなく、櫛板《しつばん》を持つ有櫛動物《ゆうしつどうぶつ》です。光を虹色に反射する櫛板の繊毛《せんもう》を動かして泳ぐことができます。傘の端が2つ翼のように分かれて突起状になっていて、兜《かぶと》のような形に見えるのが和名の由来です。幼生のうちは触手《しょくしゅ》を持ちますが、成体になると触手を失い、この2つの突起で獲物を粘着させ捕食します。

カリコプシス ボルシュグリューヴィンキ

Calycopsis borchgrevinki

スグリクラゲ科

南極海で撮影されたヒドロクラゲの一種。伸ばした触手《しょくしゅ》が発光しています。傘の大きさが2cm程の小さなクラゲです。

バレンクラゲ

Physophora hydrostatica

バレンクラゲ科

太平洋からインド洋、大西洋に広く分布。それぞれ役割を持った小さな個虫《こちゅう》が集まって群体《ぐんたい》を構成するクダクラゲの仲間です。幹と呼ばれるベースに、泳ぐ機能を担う個虫（泳《えい》鐘《しょう》）、餌を食べる個虫（栄養体）、生殖に関わる個虫（生殖体《せいしょくたい》）、他の個体を保護する個虫（感触体《かんしょくたい》）など、異なる役割を持った個体が集まって1つのクラゲを構成しています。傘にあたる泳鐘体の上部の突起が気《き》泡体《ほうたい》で、浮力を調節しています。まるで合体型ロボットのようですし、もっと大きく見れば、個々が違った仕事や役割を持って全体を構成している組織や社会のようでとても面白い透明な生きものです。

ミズタマサンゴとウィル コレーマンイ

Plerogyra sinuosa and *Vir colemani*

チョウジガイ科とテナガエビ科

太平洋からインド洋に分布し、急傾斜の壁面などに固着していることが多いサンゴです。ぶどうの房のような3cm程の嚢胞《のうほう》がいかにも柔らかそうですが、これは日中の姿。他の造礁《ぞうしょう》サンゴと同様に硬い骨格を持っていて、夜になると触手《しょくしゅ》を伸ばして肉食系に変身します。共生しているウィル コレーマンイはカクレエビの仲間です。

深海のモフモフランド——今日も透明なフトンが心地いい

hexacorallia& nudibranch

気持ち良さそうですね。モフモフのフトンにつつまれて。フワフワに見えますが、
これでも、れっきとした珊瑚なんです。サンゴさんとか、イソギンチャクさんは、
刺胞《しほう》という毒針をもってるんです。だから、エビさん、カニさんたち、ちっさい人たちは、
その毒に守られたくて、みなさんお家《うち》として活用しております。
ちょっと透明な家に、透明な小さい人たちがたくさん住んでいるのです。

ミズタマサンゴ

Plerogyra sinuosa

チョウジガイ科

ミズタマサンゴは薄い青白色や黄緑色、紫がかることもあり多彩です。この金色に見えるのは共生している扁《へん》形《けい》動《どう》物《ぶつ》ですが、まるで花びらのように見えてキレイですね。

ナガレハナサンゴ

Euphyllia ancora

チョウジガイ科

太平洋からインド洋に分布。群体《ぐんたい》は直径1m以上になる造礁《ぞうしょう》サンゴで、大形の群体は10m近くにもなります。白や緑褐色で半透明のジェリービーンズのような形の触手《しょくしゅ》を日中もよく伸ばしています。ハナサンゴの名が似合う、美しいサンゴです。なお、サンゴ礁をつくるサンゴは造礁サンゴと呼ばれ、石灰質の骨格をすばやく大量につくり出すことができます。

サンゴイソギンチャクと
スパインチーク アネモネフィッシュ

Entacmaea quadricolor and *Premnas biaculeatus*

ハタゴイソギンチャク科とスズメダイ科

太平洋からインド洋に分布。触手《しょくしゅ》は約120本で、肉薄で透明感が高く、先端の少し下で膨らみます。クマノミとの共生が知られますが、クマノミはイソギンチャクの触手によって捕食者から守られ、イソギンチャクはクマノミの縄張り防衛行動によって捕食者から守られます。この共生関係で、クマノミの身をイソギンチャクの刺胞毒《しほうどく》から保護しているのは粘液なのですが、孵化《ふか》した仔魚《しぎょ》がイソギンチャクの触手に軽く触れることによって免疫を得るといわれています。

サンゴイソギンチャクと
レッドアンドブラック アネモネフィッシュ

Entacmaea quadricolor and *Amphiprion melanopus*

ハタゴイソギンチャク科とスズメダイ科

イソギンチャクと共生するクマノミは、単に用心棒を務めるだけでなく、マッサージ師にもなります。イソギンチャクを体やひれでマッサージし、リラックスさせるのです。イソギンチャクは少しの刺激にも敏感に反応し、つぼんでしまうのですが、その状態ではクマノミが隠れるのには不都合です。また、イソギンチャクにとって重要なもう1つの共生者、褐《かっ》虫《ちゅう》藻《そう》類《るい》による光合成の効率が悪くなってしまいます。クマノミはマッサージによってイソギンチャクをリラックスさせ、いつでも逃げ込める体制を作るとともに、褐虫藻類による光合成の効率を上げることにも貢献しているのです。

ポリセラ ファエロエンシス

Polycera faeroensis

フジタウミウシ科

ウミウシの中で最も多くの種類が含まれる裸《ら》鰓《さい》目《もく》の中で、牛のような2本の触角と背面後方に花びら状の鰓《えら》が出ているドーリス類の仲間です。半透明の白い体に鮮やかな黄色い触角《しょっかく》と鰓がとても美しいですね。ウミウシは研究が進んでいない分野の1つで、この美しいウミウシも未だ正式な和名がありません。体長2cmから最大で5cm程度です。

ヒオドシウミウシ属の一種

Halgerda sp.

ドーリス科

岩礁域《がんしょういき》で見られるウミウシ。半透明の白地に橙色の斑《ふ》が入る体色で、2本の触角と葉のような鰓《えら》には黒褐色の細かい斑がびっしり入ります。日本産のコンペイトウウミウシの近似種ですが、突起の数や斑の大きさなど変異があります。コンペイトウウミウシは体長3〜9cmです。

超スローペースな
自分でモフモフな人たち

大《おお》海《うな》原《ばら》を ユラリユラリ舞う 透明な人たち

float

波間をゆれるクラゲを、ご覧になったことがあるでしょう。あれでも、たまには泳いでいます。
わずかにある筋肉を使い、カサのようなアタマを開いて閉じて、少しづつ進みます。
長続きはしません。少し泳いでは、漂っております。なに考えてるんでしょう?
あっ、脳がありませんでした(チナミニ心臓も!)
体そのものが、心臓みたいにトクントクンしているだけなんです。
大海原は、そんな透明なクラゲさんたちが舞う静かな楽園なのであります。

ミズクラゲの幼生

Larva of *Aurelia aurita*

ミズクラゲ科

ミズクラゲの生活史はとても神秘的です。メスの保育嚢《ほいくのう》で過ごしていた受精卵が孵化《ふか》し、プラヌラ幼生になると保育嚢から出て海中を遊泳します。やがて、プラヌラ幼生は岩などに付着してポリプに姿を変え、イソギンチャクのように触《しょく》手《しゅ》で餌を捕えて生活します。そして、成長したポリプは次々に自らのクローンをつくるようになります（無性生殖《むせいせいしょく》）。その後、身体が伸び、くびれてくるとストロビラという段階です。クラゲに変わる準備が進み、触手が縮んでお皿のような形に変わると、くびれの１つひとつがエフィラとして離れ、再び浮遊生活に入ります。これが成長しメタフィラの時期を経て、成体に成長していくのです。このようにミズクラゲは有性生殖《ゆうせいせいしょく》と無性生殖を繰り返し続けます。

ユウレイクラゲとハナビラウオ

Cyanea nozakii and *Psenes pellucidus*

ユウレイクラゲ科とエボシダイ科

本州中部から九州沿岸に分布。透明感のある傘の大きさは20～30cm前後で、大きいものは50cmに達することがあります。その傘とそうめんをぶら下げたような触手《しょくしゅ》の束の間ではハナビラウオなどエボシダイ科の魚の幼魚が浮遊生活をして暮らします。これらの魚にとってユウレイクラゲの触手の間は、安心して暮らし成長することができる、とても居心地の良いすまいとなっています。

オビクラゲ

Cestum veneris

オビクラゲ科

インド洋から太平洋に分布。刺胞《しほう》をもたない有櫛動《ゆうしつどう》物《ぶつ》、クシクラゲ類の一種です。帯状に長く伸びた透明で美しい体をくねらせて泳ぎます。帯の中ほどの白い部分の下の端に口が開いていて、口端《こうたん》の縁にある粘着細胞で小さなプランクトンなどを捕食します。口の反対側の端には櫛板《しつばん》が並んでいて、他の有櫛動物と同じように光を虹色に反射します。

ゾウクラゲ

Carinaria cristata

ゾウクラゲ科

ゼラチン質の透明な体をしていて海中で浮遊生活し、種名にもクラゲがつきますが、実はクラゲとは似て非なる生物です。有櫛動物《ゆうしつどうぶつ》のクシクラゲ類とも異なり、軟体動物門に属す巻貝の仲間で、烏帽子《えぼし》（平安時代の背の高い帽子）のような半透明の白い小さな殻（写真中下）を付けています。インド洋から太平洋にかけて分布し、大きさは50cm程になります。海中を漂い、象の耳のようにも見えるひれを使って泳ぎます。殻に閉じこもって身を守ることを捨て、大海原を泳ぐことを選択した巻貝の仲間という点ではクリオネ（ハダカカメガイ）と同じです。

オオサルパ

Thetys vagina

サルパ科

サルパはホヤ類に近い仲間で、ゼラチン質の透明な体をもち、浮遊生活をするという点でクラゲに似ていますが、脊索動物《せきさくどうぶつ》といって、魚や私たち哺乳類など脊椎動物《せきついどうぶつ》に近い仲間で、分類上クラゲとはとても遠い関係にあります。透明な筒状の体の両端に入水孔《にゅうすいこう》と出水孔《しゅっすいこう》が開いており、体壁を取り囲んでいる環状の筋肉組織を伸縮、弛緩させ、水を押し出す力で泳いでいます。そして泳ぎながら植物プランクトンを濾《こ》しとって食べています。写真は複数の個虫がつながった連鎖個虫《れんさこちゅう》で、大きさは50cm程ですが、2m以上になることもあります。

モモイロサルパ

Pegea confoederata

サルパ科

北大西洋から地中海にかけて分布し、大きさ約6cm。サルパの中では小型の種類です。サルパの仲間は独特の世代交代を行います。受精卵から育った個体、卵《らん》生《せい》個《こ》虫《ちゅう》は無《む》性《せい》生《せい》殖《しょく》を行って自分の分身を増やします。無性生殖で生じた個体、芽《が》生《せい》個《こ》虫《ちゅう》は雌《し》雄《ゆう》同《どう》体《たい》で、体内に精巣と卵巣があって、有《ゆう》性《せい》生《せい》殖《しょく》をします。これを繰り返して増えていくのです。芽生個虫は体の一部で他の芽生個虫とつながって連《れん》鎖《さ》個《こ》虫《ちゅう》を形成し、共同行動をとります。

オオサルパ

Thetys vagina

サルパ科

これはオオサルパの卵《らん》生《せい》個《こ》虫《ちゅう》で、大きさは約十数cm。大型の個体は30cmに達します。無《む》性《せい》生《せい》殖《しょく》によって自らのクローン、芽《が》生《せい》個《こ》虫《ちゅう》を増やします。

サルパの一種

Salpidae

サルパ科

ハチクラゲ類の一種のエフィラ幼生

Ephyra larva of Scyphozoa

ミズクラゲの幼生のところでも説明しましたが、卵から生まれたクラゲのプラヌラ幼生は岩などに付着してポリプとして生活し、ストロビラとして成長してくると、やがてこのエフィラ幼生が遊離し、海中を漂う浮遊生活に戻ります。これがさらに成長し、メタフィラ幼生を経て、成体のクラゲへと成長します。16枚の縁《えん》弁《べん》を持つこのエフィラ幼生が海中を漂っていると、まるで花が舞っているような美しさです。

ウシナマコ

Peniagone diaphana

クマナマコ科

太平洋からインド洋、大西洋の広範囲に分布し、大きさ約10cm。ナマコの仲間は深海底に生息する生き物の中で大きなウェイトを占めるグループで、呑み込んだ海底の堆積物から有機物を濾《こ》しとって食べ、不消化物を細かく破砕して排出します。それをバクテリアが分解することで、海の生態系の循環が成立します。ナマコは海洋生態系における重要な掃除屋なのです。ウシナマコはユメナマコと同じように海底を離れ、泳いで移動することができる深海性のナマコです。

コーラル・ポリプの森
──不思議な
ミクロの絶景

coral

珊瑚というと、石のようなカタブツと思われがちなんすけど、ジツは柔らかいシトもたくさんおります。
じゃあ、それをグウ〜っと、拡大してみましょう。はいっ、透明ですね。
おさかな、エビ、カニとかの小さな透明さんたちが暮らしております世界は、実に透明なのです。
海の世界のソフトな樹木──ソフトコーラルは、幹も、枝も、葉も、みんな透明なのであります。

トゲトサカ属の一種

Dendronephthya sp.

チヂミトサカ科

まるで海中の半透明な樹に、美しい花が咲いているようですが、サンゴは植物ではなく動物です。クラゲやイソギンチャクと同じ刺《し》胞動物《ほうどうぶつ》なのです。動物ですが、植物のようにも見えるので、花《か》虫《ちゅう》綱《こう》という名前がつけられています。花のように見えるのはポリプの触手《しょくしゅ》で、ポリプがたくさん集まって群体《ぐんたい》を形成しています。写真のウミトサカの仲間はソフトコーラルと呼ばれる、柔らかいサンゴで、水を吸い込むことで膨らみます。波の穏やかな時は大きく展開して効率よく餌を採り、波の荒い時には縮んで水の抵抗を減らすことができます。（写真2点共通）

ウミテングタケ

Anthomastus ritteri

ウミトサカ科

北太平洋東部に生息する深海性のサンゴで、トゲの多い触手《しょくしゅ》は8本、八放《はっぽう》サンゴの仲間です。この触手を完全に引っ込めると、きのこのような姿になります。ベニテングタケという有名なきのこに、色や形が似ていることが名前の由来です。深海にもきのこ（のような形の生き物）がいるなんて、面白いですね。大きさは15cm程。

トゲトサカ属の一種

Dendronephthya sp.

チヂミトサカ科

ポリプとは、もともとギリシャ語で「たくさんの足」の意味です。ただ、触手《しょくしゅ》ですから、足ではなく手ですね。トゲトサカは八《はっ》放《ぼう》サンゴですので、ポリプは８本の手ということになります。白く見えるのは骨片《こっぺん》で、造礁《ぞうしょう》サンゴのような硬い外骨格《がいこっかく》をつくらないため「ソフトコーラル＝柔らかなサンゴ」と呼ばれているのです。ただし、硬いサンゴと違って、ソフトコーラルを食べる動物はほとんど知られていません。なぜなら、ジテルペンという毒を持っているからです。

海の
赤ちゃんは、
透明なのだ

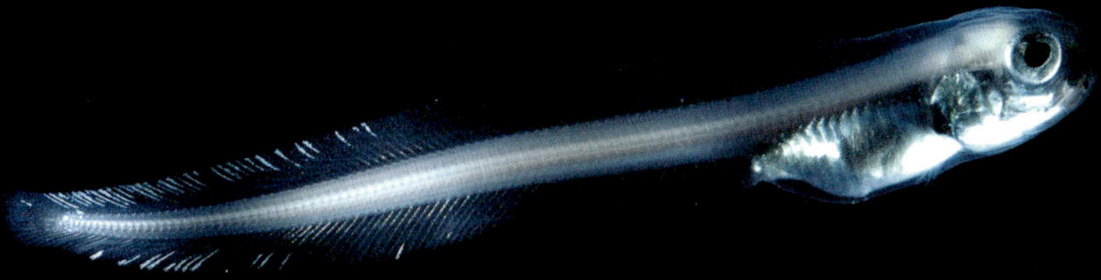

larva

おさかな、エビ、カニ、それにタコ、イカの赤ちゃんたち。
そうなのです。みんな透明です。
カヨワイ海の子どもたち、水の子どもたちは、みんな透明。
水の闇の中で透明な体でひっそり、でもしっかり元気に成長しております。
（うむ、アナゴの赤ちゃんの顔は、実に浮世絵的であります）

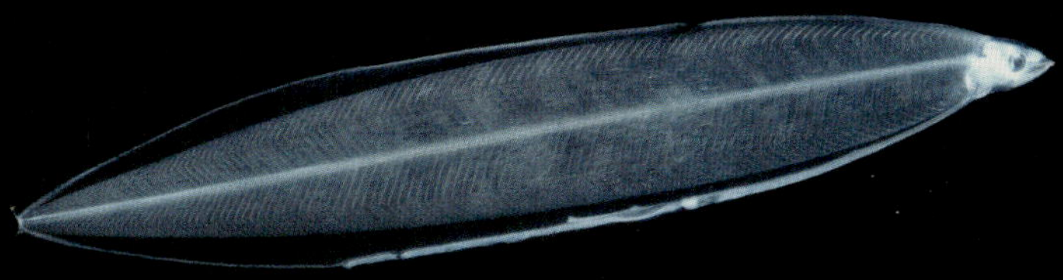

アナゴ類の稚魚とレプトケファルス幼生

Leptocephalus Larva of Anguilliformes

ウナギ目

ウナギやアナゴなどの仲間の幼生は、レプトケファルスという細長い柳の葉のような形で、浮遊しながら幼生期を過ごします（本頁写真）。レプトケファルスとは、かつて採集された標本が新種の魚だと考えられてついた名で、「小さな頭」の意味です。とても薄く細長い体はゼラチン質で、極めて透明です。幼生（仔魚《しぎょ》）は稚魚《ちぎょ》に変態すると、私たちにおなじみのウナギやアナゴの円筒形の体になり、底生生活《ていせいせいかつ》に移行するのですが、変態の際に水分が失われるため、成長するのに一時的に大きさが小さくなります。深海に生まれて、はるかに遠い川に遡上《そじょう》するまで、とても長い距離を旅するというウナギ目の一生については、未だわかっていないことばかりです。（写真3点共通）

スイショウウオの幼魚

Young of *Chaenocephalus aceratus*

コオリウオ科

南極海と周辺海域に分布。低水温に適応したコオリウオの仲間で、血液がヘモグロビンを含まず、無色透明なのが最大の特徴です。血液中にヘモグロビンがなければ酸素を運ぶことができず、普通の生物は死んでしまいますが、コオリウオは血《けっ》漿《しょう》に酸素を溶かして運搬しています。ただ、血漿による酸素運搬は効率が悪いので、発達した心臓で血液を大量に循環させて酸素を補給しています。また血液中には糖タンパク質が豊富で、氷点下の海で不凍液の役割を果たしています。

ハダカハオコゼの幼魚

Young of *Taenianotus triacanthus*

フサカサゴ科

太平洋からインド洋に分布し、体色を変えたり、海藻のようにひれや体をゆらゆらとさせたりと擬《ぎ》態《たい》が得意で、脱皮までする変わった魚です。英名のPaperfish（紙の魚）やLeaf fish（葉魚）はそんなハダカハオコゼの生態を良く言い表しています。幼魚はとても透《す》き通っています。

オニアンコウ属の一種（幼魚）

Young of *Linophryne* sp.

オニアンコウ科

オニアンコウが属するチョウチンアンコウの仲間ほど、オスかメスかで運命が分かれてしまう生き物もいないでしょう。オニアンコウのメスは最大で10cmになりますが、オスは2cm程。幼魚は体を包んでいるゼラチン質の厚い膜に守られながら、栄養を蓄えて成長し、やがて変態して海底に降りていきます。そして、メスは頭部の突起を疑似餌《ぎじえ》のように使って餌動物《えさどうぶつ》をおびきよせ、大きな口で捕食して成長しますが、オスにはこの突起がありません。それどころか、そもそも口がかぎ状で何も食べられないのです。オスは幼魚の時に蓄えた栄養で生き延びながら、暗い深海の中でひたすらメスを探し、発見したメスの体に鉤《かぎ》状の口でかじりつきます。その後オスはメスから離れずに一体化していきます。オスの体内にはメスの血管が伸びて血液が流れ、栄養と酸素を受け取れるようになります。やがて性的に成熟すると雌雄は繁殖しますが、なにしろ一体化していますので、繁殖の成功は約束されているわけです。そして役割を終えたオスは次第にメスに吸収され、体の各部が衰え、縮小していって、最終的にはメスのおできのようになってしまいます。

ヨーロッパミドリガニのゾエア幼生

Zoea larva of *Carcinus maenas*

ワタリガニ科

成体は北大西洋に分布する甲《こう》幅《はば》（甲羅の幅）6cm程のカニ。本来の生息地を離れ、世界中に広まって生態系をかく乱することで問題となっている種類で、IUCN（国際自然保護連合）の指定する侵略的外来生物ワースト100にリストアップされているほどです。分布拡大の原因は、船舶が重心を安定させるために積む海水（バラスト水）だと言われています。しかし、悪い生き物だと誤解してはいけません、ヨーロッパミドリガニには何の罪もありません。問題なのは、本来の生息地でない環境へ運んでしまう人間の経済活動なのです。このゾエア幼生のあどけない表情を見ていると、生き物は一生懸命生きているだけで、何の罪もないことが伝わってきます。

ウミスズメの幼魚

Young of *Lactoria diaphana*

ハコフグ科

太平洋からインド洋、大西洋の岩礁域に生息するフグの仲間。成魚は20cm前後です。背中の中央に鋭いトゲがあります。ハコフグの仲間は頭部に1対のトゲを持つので、英名でcowfish=牛魚と呼ばれます。幼魚は半透明で丸味を帯びた体をしています。

テカギイカ属の一種の稚イカ

Juvenile of *Gonatus* sp.

テカギイカ科

冷たい海に分布するテカギイカの仲間は８本の腕と２本の触腕《しょくわん》に多数の鉤《かぎ》を備えているのが特徴です。この鉤ですが、なんと卵の保育に使われます。多くのイカが岩礁や砂地に卵を産みつけるか、ゼラチン質に包まれた卵塊を海中に産み出す中で、テカギイカの仲間は産卵した卵を抱いて運ぶのです。この稚《ち》イカも母イカの腕の中で大切に守られて育ち、孵化《ふか》したのです。

アオリイカの稚イカ

Juvenile of *Sepioteuthis lessoniana*

ヤリイカ科

アオリイカの産卵シーズンは日本の沿岸の場合、春から夏にかけてです。産卵から約25日、赤ちゃんは成長した稚《ち》イカの形で孵化《ふか》します。稚イカの体長は7mm程で、全身が茶褐色の色素胞《しきそほう》に覆われているのが特徴です。孵化するとすぐに、餌となるプランクトンが多い海面近くまで上昇して浮遊生活を始めます。やがて群れをつくり、貪欲に魚類や甲殻類を捕食しながら成長します。そして、うまく生き残れたものは最大40cm程に成長し、生命を次の世代につなぐのです。

オモチャではありません……

ヤリイカの稚イカ

Juvenile of *Loligo bleekeri*

ヤリイカ科

日本を代表するイカの1つであるヤリイカはメスが25cm、オスは40cmにもなりますが、産まれたばかりの稚《ち》イカはたった6mm程です。稚イカは大きくてカラフルな水玉模様が目立ちますが、これは色《しき》素《そ》胞《ほう》です。浮遊生活を送るイカは少ない色素胞を収縮させることで素早く透明になり、捕食者から身を守るのです。その後、成長してサイズが大きくなってくるにつれて色素胞は増えていきます。浮遊生活から遊泳生活に移行するためです。ちなみに、孵《ふ》化《か》してすぐに底生生活《ていせいせいかつ》に入るコウイカ類は最初から色素胞が多いです。

オクトパス ビマクロイデス（孵化）

Hatching of *Octopus bimaculoides*

マダコ科

マダコは巣穴の中に10万個もの卵を産卵します。卵を産みっぱなしの種類が多いイカとは異なり、マダコのお母さんは孵《ふ》化《か》するまでの約1カ月の間、新鮮な水を送ったり、ゴミを取り除いたりしながら世話をし、卵を守ります。そして、孵化を見届けたところで一生を終えるのです。孵化した稚《ち》ダコはたった3mm程。褐色の色素《しきそ》胞《ほう》が目立ちます。稚ダコは親の送る水流に乗って海面近くまで上昇し、浮遊生活をはじめます。本種はカリフォルニア・ツースポット・オクトパスとも呼ばれ、観賞用のタコとして人気があります。

タコの一種の幼生

Larva of Octopoda sp.

イカの赤ちゃんと同様に、タコの場合も種類によって、孵《ふ》化《か》後に浮遊生活をするものと、底《てい》生《せい》生《せい》活《かつ》をするものとに分かれます。マダコの場合は3～4週間の浮遊生活の後に、底生生活に移ります。10万個の卵から産まれたタコのうち、どれくらいが約2年の寿命を全うし、次の世代へ生命をつなげるのでしょう。

陸（淡水）の赤ちゃんも
透明なのだ（ヒレがカワユイス）

コリドラス トリリネアトゥスの仔魚

Juvenile of *Corydoras trilineatus*

カリクティス科

エクアドル、ペルーなど南米原産のナマズの仲間で、成魚の体長は4cm。観賞魚として人気があり、「ジュリィ」の呼称で販売されますが、同名のコリドラス *Corydoras julii* は別種です。コリドラスの仲間は、メスがオスの精子を口で吸い取って体内で受精させる、変った繁殖行動をとります。この時、オスとメスの体勢がTの字の形になるので、この行動を「Tポジション」と呼びます。その後、産み付けられた卵が無事に孵化《ふか》すると、透明な体の仔魚《しぎょ》が誕生します。

深海では大人魚も透明?!

モリスオニアンコウ

Haplophryne mollis

オニアンコウ科

太平洋からインド洋、大西洋の深海にすむオニアンコウの一種。メスの体長は8cm、オスの体長は2cmです。色素がない半透明の乳白色で丸みのある体、2本角のある顔には黒くつぶらな瞳、ちょっと大きめな口、なんとも愛嬌たっぷりです。属名のHaplophryneはギリシャ語のHaplos（シンプルな）phryne（ヒキガエル）に由来し、この姿を見ると思わず納得してしまいます。他のチョウチンアンコウの仲間と同じように、頭部にエスカと呼ばれる発光器官を備えた突起があり、これを疑似餌《ぎじえ》として使って餌動物《えさどうぶつ》を誘引しますが、本種の場合はこの突起がとても短く、顔のすぐ目の前にあるのが特徴です。体が半透明なので獲物に気づかれにくく、捕食の成功率がより高い接近戦ができるのでしょう。この個体はメキシコ湾の深海1,200mで見つかりました。

デメニギス

Macropinna microstoma

デメニギス科

奇妙な生物の多い深海でも、デメニギスほど不思議な生き物はなかなかいません。デメニギスは北太平洋北部の深海400～800mの中層に生息する魚類で、頭部が透明な膜で覆われていて、中身が丸見えなのが外見上の大きな特徴です。膜の中は液体で満たされています。これがコクピットのように見えて、まるで魚の形をした深海艇のようですが、これは作り物ではなく、まぎれもなく生きている魚なのです。写真では大きく見えますが、体長10cm前後の小型魚です。少し尖った小さな口の上に3つ見えるのは眼ではなく、嗅覚器官です。「コクピット」の中にある、お椀を2つ伏せたような黄緑色のものが眼で、望遠鏡のような筒状の管状眼《かんじょうがん》となっています。管状眼は天体望遠鏡のように、かすかな光を捉えることができます。デメニギスはこの管状眼を真上に向け、明るい海面を背景とした獲物の影を捉えるのです。デメニギスの眼力は、果たしてクラゲやイカのカウンターイルミネーション（発光して影を消す）を見破ることができるのでしょうか。

ウリクラゲ属の一種

Beroe sp.

ウリクラゲ科

その名の通り、瓜の形をしたクシクラゲの仲間（刺胞《しほう》を持たない有櫛動物《ゆうしつどうぶつ》）で体長は10cm前後です。まるで海の中に透明な瓜が浮かんでいるかのようで、櫛板《しつばん》に光が当たると虹色に輝きます。見かけによらず獰猛で、クラゲやサルパなど他のゼラチン質生物を貪欲に飲み込んでしまいます。時には自らと同じくらいの大きさの獲物を飲み込むこともあります。

その存在がアートだ！カラフルで透明な生体が描く世界

art

透明さんたちは、生き物として実体が希薄で、そもそも的にアートのように、
かぼそい線やら、色で構成されております。
そうです。透明生物は、ソンザイそのものがアートなのであります。
ちょっつ、色づいた透明さんたちを集めて並べてみましょう。これはこれでアートでしょ？

オオヒゲマワリ属の一種

Volvox sp.

ボルボックス科

ボルボックスの名で知られる緑藻《りょくそう》の一種で、葉緑体《ようりょくたい》で光合成します。淡水域に生息し、数千の細胞（写真の小さい粒）が群体《ぐんたい》となって中空の球体を形成します。個々の細胞は2本の鞭毛《べんもう》を持っていて、水をかくように前後に動かすことで、くるくると回転しながら移動するのですが、決まった方向へ移動できるのは数千個の細胞が同じような動きをするからです。ボルボックスの増え方はユニークで、親群体《おやぐんたい》の中の娘群体《むすめぐんたい》（写真の黄緑色の丸い部分）と呼ばれる細胞が分裂しながら大きくなり、途中で袋状になって、くるりと裏返しになって口を閉じ、球形になります。これが一定の大きさに成長すると、親群体の膜を破って外に出るのです。親群体の大きさは0.3～1mm。

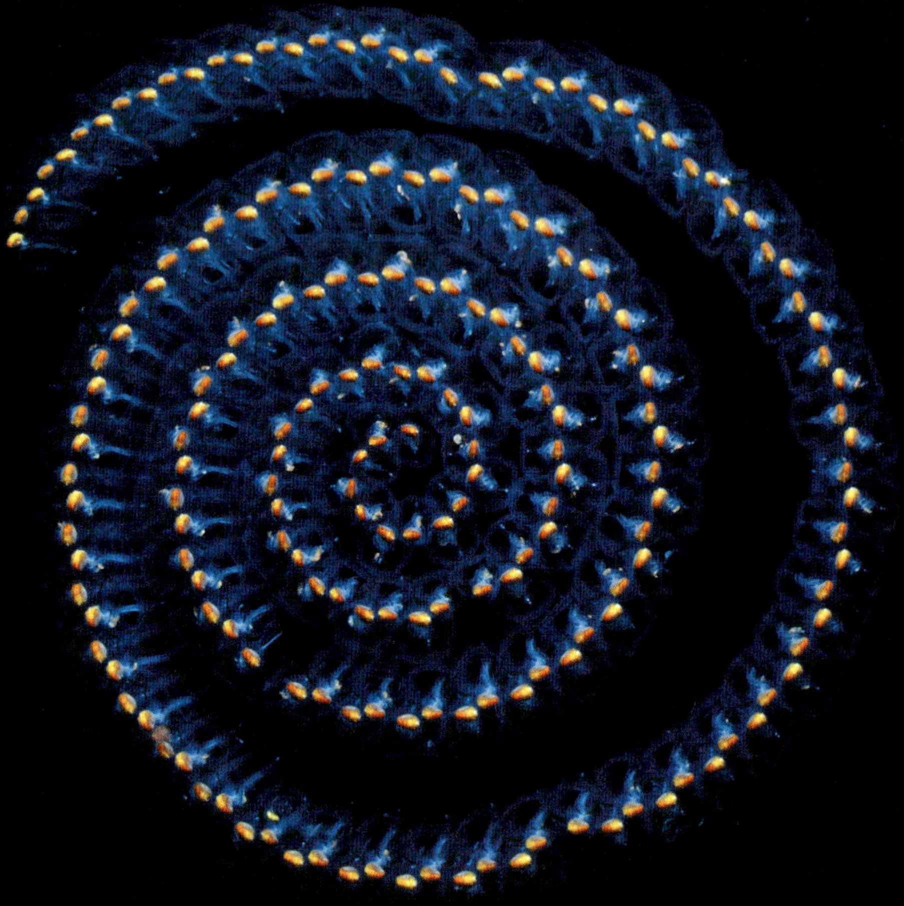

モモイロサルパ属の一種

Pegea sp.

サルパ科

オオサルパより小さく、卵《らん》生《せい》個《こ》虫《ちゅう》で5cm、芽《が》生《せい》個《こ》虫《ちゅう》で7cm程度。温暖な海に生息しています。芽生個虫の元となる芽《が》茎《けい》が桃色に見えるのが、和名の由来です。サルパが無《む》性《せい》生《せい》殖《しょく》を繰り返して作り出した自分の分身を芽《が》生《せい》個《こ》虫《ちゅう》といい、それが集まって群《ぐん》体《たい》を形成したのが連《れん》鎖《さ》個《こ》虫《ちゅう》です。連鎖個虫が描く造形美はまるでアートのようです。

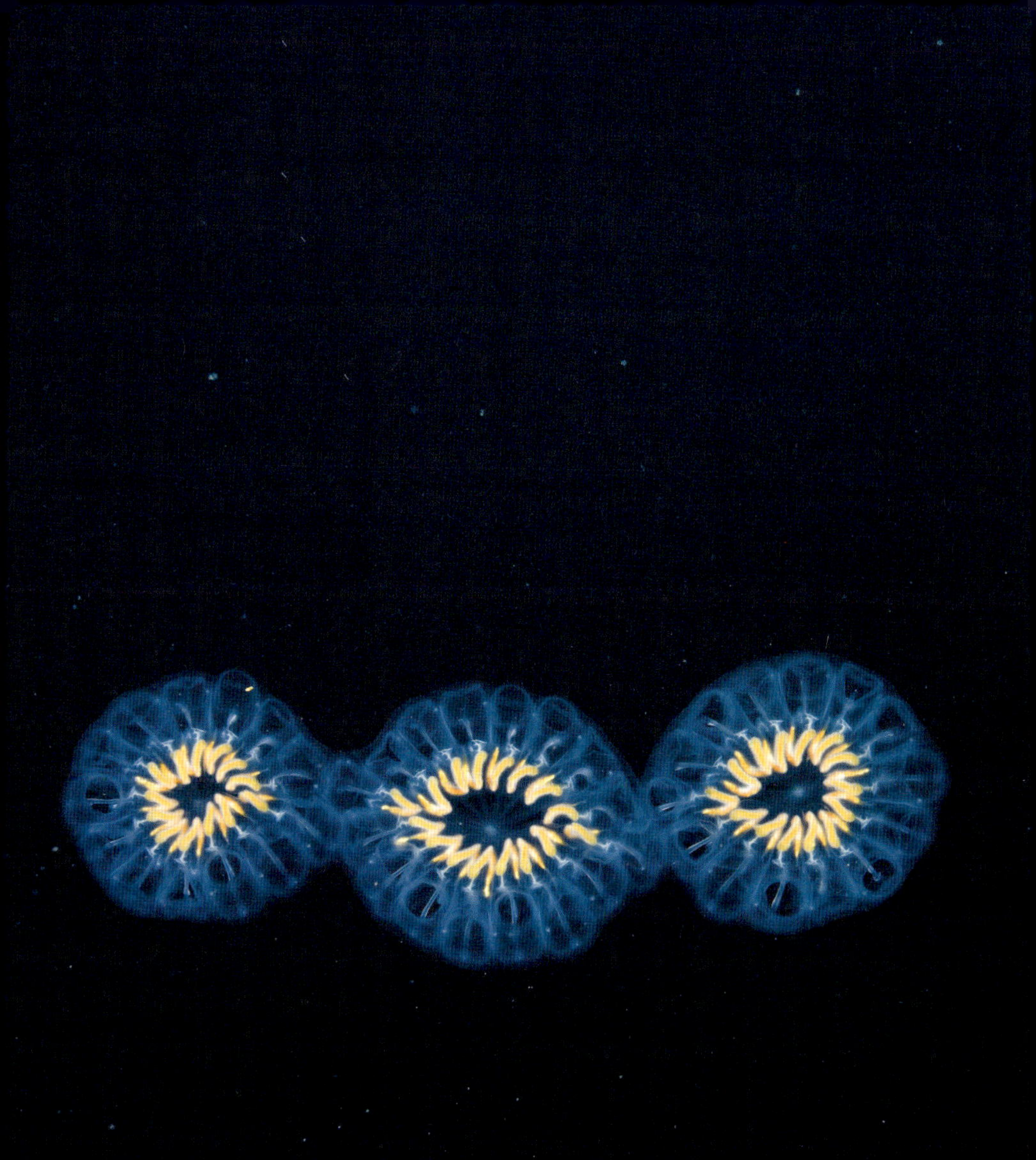

シャミッソーサルパ

Cyclosalpa affinis

サルパ科

北太平洋東部に生息するサルパ。19世紀のドイツの詩人で、植物学者のアーデルベルト・フォン・シャミッソーが世界一周の航海の途上、サルパを研究し、1つの種が有性生殖の世代と無性生殖の世代を交互に繰り返す世代交代というものを、世界で初めて発見したことが種名の由来です。

シンカイウリクラゲ

Beroe abyssicola

ウリクラゲ科

ウリクラゲの仲間の内部はゼラチン質（間充《かんじゅう》ゲル）で形づくられており、その色素は白っぽい透明から、黄色がかった色、桃色、橙赤色などがあります。また写真の縫い目のような白い線部分が櫛板《しつばん》で、はっきり見えています。

ヒカリボヤ属の一種

Pyrosoma

ヒカリボヤ科

サルパと同じタリア類で、その名の通り個虫が光るのが大きな特徴です。常に群体《ぐんたい》で行動し、芽生個虫《がせいこちゅう》だけでなく、卵生個虫《らんせいこちゅう》も芽生個虫の体内に入って芽生個虫を生み出します。ゼラチン質の円筒形の外皮に個虫が埋まり込《こ》むようにして群体を形成し、中央は排水腔《はいすいこう》となっています。各個虫は外に入水孔《にゅうすいこう》、排水腔側に出水孔《しゅっすいこう》を向けて規則正しく並んでおり、各個虫が排水腔に水を噴出することで推進する仕組みになっています。種類によっては10mに達することがあるという光る群体、一度見てみたいものですね。

ウリクラゲ属の一種

Beroe sp.

ウリクラゲ科

このウリクラゲは細長い形をしていて、
本当に瓜に似ています。

ウミホタル

Vargula hilgendorfii

ウミホタル科

日本の浅海に生息する体長3mm程の甲殻類。体は米粒のような形をしていて、殻は半透明の飴色です。日中は砂に潜っていて、夜間になると出てきて遊泳し、捕食や交配を行う夜行性です。死肉を食べることが多いですが、ゴカイなどを襲うこともあります。外敵を威嚇したり、求愛する際に青く光りますが、これはウミホタルが上唇《じょうしん》から分泌するルシフェリンという発光物質が、ルシフェラーゼという酵素のはたらきで海中の酸素と反応するからです。ルシフェリンは乾燥して保存することができ、何年も経ったものでも水をかけると光ります。

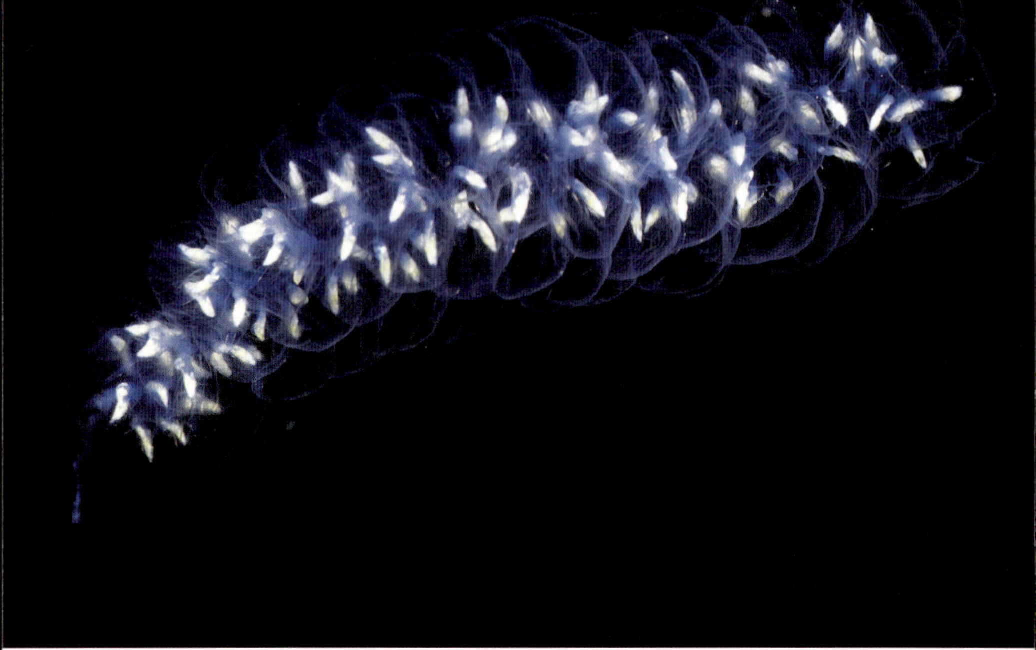

ヒカリボヤ属の一種

Pyrosoma sp.

ヒカリボヤ科

ツリガネムシ

Vorticella nebulifera

ツリガネムシ科

釣り鐘のように円錐形をした単細胞生物で、淡水に生息し、水草や枯れ枝などに固着して柄を伸ばします。釣り鐘の開口部には多数の繊毛《せんもう》が生えていて、これを激しく動かして水流を作り、周囲のバクテリアなどを捕食します。ツリガネムシの仲間には、たくさん枝分かれして花束のような群体《ぐんたい》を形成する種もいます。釣り鐘形部分の長さは0.05～0.1mm程。

海に願いを――
大海に小さな触手を
いっぱいに広げて

ハナギンチャク属の一種

Cerianthus sp.

ハナギンチャク科

ハナギンチャクはイソギンチャクと同じく触手《しょくしゅ》の数が6の倍数の六放《ろっぽう》サンゴの仲間です。イソギンチャク（特にスナイソギンチャク）によく似ていますが、異なる仲間で、岩に付着する足盤《そくばん》がなく、浅海の砂泥の中に自分で管《くだ》を作り、そこにすむのですが、この管の中を上下に素早く移動することができるのが大きな特徴です。砂地に巣穴を作る口盤《こうばん》の内側に短い触手（口触手《こうしょくしゅ》）、口盤の縁にたくさんの長い触手（縁触手《えんしょくしゅ》）を持ちます。カラーバリエーションに富み、とても美しいです。触手を広げると一般に30cm程になります。

tentacles & ascidian

水の暗い闇の底からハナギンチャクが、アオ透明な手を伸ばしています。
では、その手の数は何本でしょう？
ハナギンチャクとか、イソギンチャクは、６の倍数。
クラゲなんかは４の倍数なんですね。では、右上の海面に浮かんでるギンカクラゲさんは？
なんと、お手々じゃなくて、１本１本が別の生き物みたいなものなんですねえ。
実に不思議な透明世界なのですが、海の底や波間で透明さんたちを眺めていると、
４とか６とか８とかの数字なんて忘れてしまって、
ふと、私たちが流れ星に願いをこめてる姿を、なぜか想い起こさせたりするのであります。

ギンカクラゲ

Porpita pacifica

ギンカクラゲ科

黒潮海域の暖かい海に分布。傘は直径2～4cmで、銀色の硬貨のように見えるのが名前の由来です。この「銀貨」の周囲には、透明で鮮やかな青色の触手《しょくしゅ》が数十本ありますが、実はこの触手の１本１本が個虫《こちゅう》で、それが集まって群体《ぐんたい》を形成しています。カツオノエボシと同様、海面に浮かんで風力で移動します。

ウスアカイソギンチャク属の一種

Nemanthus annamensis

ウスアカイソギンチャク科

六放《ろっぽう》サンゴに属するイソギンチャクの仲間です。ヤギ類などに着生《ちゃくせい》し、分裂を繰り返してどんどん増えていき、ついにはびっしり覆いつくします。美しい海の花が満開、といいたいところですが、取りつかれたヤギ類は死んでしまいます。びっしり着生しますが、群体《ぐんたい》ではなく独立した個体の集まりです。イソギンチャクはサンゴのように無性生殖でクローン個体をつくる種類もいますが、サンゴと異なり体の組織の一部が連続した群体をつくらず、すべて単独生活です。日本の類似種で足盤径《そくばんけい》4cm程。

カタユウレイボヤ

Ciona intestinalis

ユウレイボヤ科

太平洋からインド洋、大西洋にかけて分布し、体長は約10cm。円筒形の体は柔らかいゼラチン質で、透明なので内部の構造が透けて見えます。体の後端《こうたん》で岩礁《がんしょう》などに付着し、入水《にゅうすい》孔《こう》から海水を吸い込み、海水中の微生物を濾《こ》しとって、出水孔《しゅっすいこう》から排出します。夜間にぼんやり発光することがあるのが名前の由来です。

ヤナギウミエラ

Virgularia gustaviana

ヤナギウミエラ科

まるで、海底に透明な鳥の羽根か、細長い葉が立っているかのような、この不思議な生き物はウミエラの仲間です。多くの生き物で混雑する岩礁域《がんしょういき》を離れ、新天地である砂地に進出しました。不安定な砂地で、群体《ぐんたい》を細長い形にし、群体の下部を砂地に埋めてしまうことで、流されないようにしています。また、群体の形を羽状《うじょう》・葉状《ようじょう》に細長くすることで、流れてくるプランクトンを効率よく濾し取っています。群体の大きさは約30cmです。ウミエラは八《はっ》放《ぽう》サンゴの中で唯一、移動能力を備えており、流れに合わせて回転したり、他の砂地に移動することができます。英名のSea Pen（海のペン）はウミエラをうまく表現しています。

ホウキムシ属の一種

Phoronis muelleri

ホウキムシ科

触手冠《しょくしゅかん》と円筒状の胴部からなる箒虫動物《ほうきむしどうぶつ》門の無脊椎《むせきつい》動物。体長は種類によって異なり、5～25cmですが、本種は最大で12cm程。箒虫動物門の系統には諸説あり、分類が難しく定まっていません。分泌物で作った棲管《せいかん》を岩や貝殻などに固定してすみ、ハナギンチャク類が作る棲管に共生することもあります。触手冠が箒のように見えるのが名前の由来で、この触手に生えた繊毛《せんもう》で水流を起こし、藻類《そうるい》や無脊椎動物の幼生などを粘液でからめとり、繊毛で口に運んで食べます。

静かな海底で、ひたすら何かを待ちつづける人たち

オオグチボヤ

Megalodicopia hians

オオグチボヤ科

不思議な形をした生物の多い深海の世界で、間違いなく最もユーモラスなルックスなのが、このオオグチボヤです。まるで透明な怪獣の頭が海底から生えていて、大口を開けて笑っているように見えます。太平洋の深海200～5,325mの海底に生息し、体長は10～20cm。もちろん本当に大笑いしているわけではありません。大口は入水孔《にゅうすいこう》であり、海水を取り込み、プランクトンなどを濾《こ》しとって、背側の小さな出水孔《しゅっすいこう》から排水するための入り口で、口のように開けたり閉じたりします。ここまで入水孔が極端に発達したのは、深海という栄養分の乏しい環境で、小型の動物プランクトンを含む、できるだけ多くのものを取り込むための進化だと考えられています。尾索《びさく》動物であるホヤの仲間は、オタマジャクシ型の幼生時代には尾の部分に脊索《せきさく》があるため、私たち人間を含む脊椎《せきつい》動物に近い生物群と位置づけられ、さまざまな研究の対象にもなっています。進化を遡《さかのぼ》ると、私たち人間と、深海の大笑い=オオグチボヤがつながっているなんて、面白いと思いませんか。

索　引

な

は

ま

や

ら

わ

編者

澤井聖一（さわい せいいち）

株式会社エクスナレッジ代表取締役社長、月刊『建築知識』編集兼発行人。生態学術誌Κυανοσ οικοσ（キュアノ・オイコス、鹿児島大学海洋生態研究会刊）・生物雑誌の編集者などを経て現職。著作に書籍「死ぬまでに見たい！ 絶景のペンギン」「死ぬまでに見たい！ 絶景のシロクマ」「世界の美しい色の町、愛らしい家」がある。

監修（水生生物）

武田正倫（たけだ まさつね）

1942年、東京生まれ。九州大学大学院農学研究科博士課程修了後、日本大学医学部生物学教室助手を経て国立科学博物館動物研究部研究官。主任研究官、研究室長、部長を歴任し、現在は名誉館員、名誉研究員。専門は海産無脊椎動物、特に甲殻類の系統分類学。

監修（昆虫）

西田賢司（にしだけんじ）

1972年、大阪府松原市生まれ。中米コスタリカを拠点に活動をする探検昆虫学者。15歳で単身渡米し、アメリカの大学で生物学を専攻する。その後、コスタリカ大学の修士課程で昆虫学を専門に学ぶ。数多くの新種や新生態を発見し、論文やマスメディアで発表している。また、世界各地での調査に協力し、国際的に活躍。

世界の美しい透明な生き物 愛蔵ポケット版

2015年7月30日　初版第1刷発行

発行者　澤井聖一
発行所　株式会社エクスナレッジ
〒106-0032
東京都港区六本木7-2-26
http://www.xknowledge.co.jp/

問合せ先　編集　TEL：03-3403-1381
Fax：03-3403-1345
info@xknowledge.co.jp
販売　TEL：03-3403-1321
Fax：03-3403-1829

装幀・デザイン
山田知子（chichols）

編集協力
高野丈（ネイチャー＆サイエンス）

写真提供
ジャイロ・フォトグラフィー/アマナイメージズ（p4）、いがりまさし/アマナイメージズ（p5）、吉見光治/アマナイメージズ（p6）、Chris Mattison/NHPA/PHOTOSHOT/アマナイメージズ（p7）、新井文彦（p8、9、10）、柳澤牧嘉/アマナイメージズ（p11）、Michael Patricia Fogden/Minden Pictures/アマナイメージズ（p12-13、16）、Edwin Giesbers/NPL/アマナイメージズ（p14-15）、Tomas Marent/Minden Pictures/アマナイメージズ（p17）、海野和男/アマナイメージズ（p18-19）、Barry Mansell/NPL/アマナイメージズ（p20-21）、Piotr Naskrecki/Minden Pictures/アマナイメージズ（p22-23）、Christian Ziegler/Minden Pictures/アマナイメージズ（p24）、Pete Oxford/Minden Pictures/アマナイメージズ（p25）、Gerard Lacz/NHPA/PHOTOSHOT/アマナイメージズ（p26-27）、ピーシーズ/アマナイメージズ（p28、29、54、55上下）、小林安雅/アマナイメージズ（p31小、77、107、116、117、124、132）、Flip Nicklin/Minden Pictures/アマナイメージズ（p31大、110、119）、Sinclair Stammers/NPL/アマナイメージズ（p32、34）、Visual Unlimited/NPL/アマナイメージズ（p33、46-47、52）、David Shale/NPL/アマナイメージズ（p36、60-61、78、79、103、108、109下）、David Wrobel/Visual Unlimited/アマナイメージズ（p37、56-57、64-65、81、98、115）、Solvin Zankl/NPL/アマナイメージズ（p38、39、42、43）、Ingo Ardnt/Minden Pictures/アマナイメージズ（p40、80、84、102）、Alex Mustard/NPL/アマナイメージズ（p41）、Kim Taylor/NPL/アマナイメージズ（p44）、LAGUNA DESIGN/SPL/アマナイメージズ（p45）、伊藤勝敏/アマナイメージズ（p48、49、135）、PHOTOSHOT/アマナイメージズ（p50、90）、中野誠志/アマナイメージズ（p51）、TAKAJIN/アマナイメージズ（p53、72）、Peter Batson/Image Quest Marine（p58）、NPL/アマナイメージズ（p58）、Dante Fenolio/ScienceSource/アマナイメージズ（p62、68、69、109上、121）、ScienceSource/アマナイメージズ（p63）、Jeffrey Rotman/Corbis/アマナイメージズ（p66、136）、山本典暎/アマナイメージズ（p67、95、131）、Terry Moore/Stocktrek Images/アマナイメージズ（p70）、Charles Hood/Oceans Image/PHOTOSHOT/アマナイメージズ（p71、96）、Louise Murray/Visuals Unlimited/Corbis（p73）、Norbert Wu/Minden Pictures/アマナイメージズ（p74、85、91、112、118、141）、Scott Leslie/Minden Pictures/アマナイメージズ（p75、101）、ALEXANDER SEMENOV/SPL/アマナイメージズ（p76、128）、Sonke Johnsen/Visuals Unlimited/アマナイメージズ（p82）、アールクリエイション/アマナイメージズ（p83）、Chris Newbert/Minden Pictures/アマナイメージズ（p86-87、111、114）、Mark Spencer/Auscape/アマナイメージズ（p88）、Becca Saunders/AUSCAPE/アマナイメージズ（p89、105）、Sue Daly/NPL/アマナイメージズ（p92）、Jurgen Freund/NPL/アマナイメージズ（p93、138）、大塚　高雄/アマナイメージズ（p94）、Richard Herrmann/Minden Pictures/アマナイメージズ（p97、126、127、129）、GEORGETTE DOUWMA/SPL/アマナイメージズ（p99）、Norbert Wu/Science Faction/Corbis/アマナイメージズ（p100、140）、SCUBAZOO/SPL/アマナイメージズ（p104）、Ken Lucas/Visuals Unlimited/Corbis/アマナイメージズ（p106）、Wim van Egmond/Visuals Unlimited/Corbis/アマナイメージズ（p113）、アマナイメージズ（p120）、MBARI（p122-123）、MANFRED KAGE/SPL/アマナイメージズ（p125）、Luciano Candisani/Minden Pictures/アマナイメージズ（p130）、和久井　敏夫/アマナイメージズ（p133）、マリンプレスジャパン/アマナイメージズ（p134）、Hans Leijnse/Minden Pictures/アマナイメージズ（p137）、Roger Klocek/Visuals Unlimited/アマナイメージズ（p139）